有趣的科学知识系列

神奇的互联网

齐浩然　编著

金盾出版社

内 容 提 要

本书告诉你有关互联网的相关信息，包括计算机网络和因特网的概述，计算机网络和因特网的一些基本概念。你会发现，原来还有那么多精彩的知识是自己从来都不知道的。计算机网络是高校网络工程专业、数字媒体技术专业和计算机科学与技术专业学生的必修课程之一，阅读本书，将进一步提高你对上述知识的学习和掌握的积极性。

图书在版编目（CIP）数据

神奇的互联网 / 齐浩然编著 . —北京：金盾出版社，2015. 5
（有趣的科学知识系列）
ISBN 978-7-5186-0057-1

Ⅰ. ①神… Ⅱ. ①齐… Ⅲ. ①互联网络—青少年读物 Ⅳ. ①TP393. 4-49

中国版本图书馆 CIP 数据核字（2015）第 022103 号

金盾出版社出版、总发行

北京市太平路 5 号（地铁万寿路站往南）
邮政编码：100036 电话：68214039 83219215
传真：68276683 网址：www. jdcbs. cn
三河市恒升印装有限公司印刷、装订
各地新华书店经销
开本：700 × 1000 1/16 印张：10 字数：195千字
2015年5月第1版第1次印刷2018年5月第2次印刷
印数：1 ~ 5 000 册 定价：25. 00 元

目录 contents

广域网、局域网及单机按照一定的通信协议组成的国际计算机网络就是互联网。互联网就是指将两台计算机或者是两台以上的计算机终端、客户端、服务端通过计算机信息技术的手段互相联系起来的结果，人们可以与远在千里之外的朋友相互发送邮件、共同完成一项工作、共同娱乐。而现在我们已经全面进入到互联网的时代。

互联网

1. 通过全球唯一的网络逻辑地址在网络媒介基础之上逻辑地链接在一起。这个地址是建立在“互联网协议”（IP）或今后互联网时代其他协议基

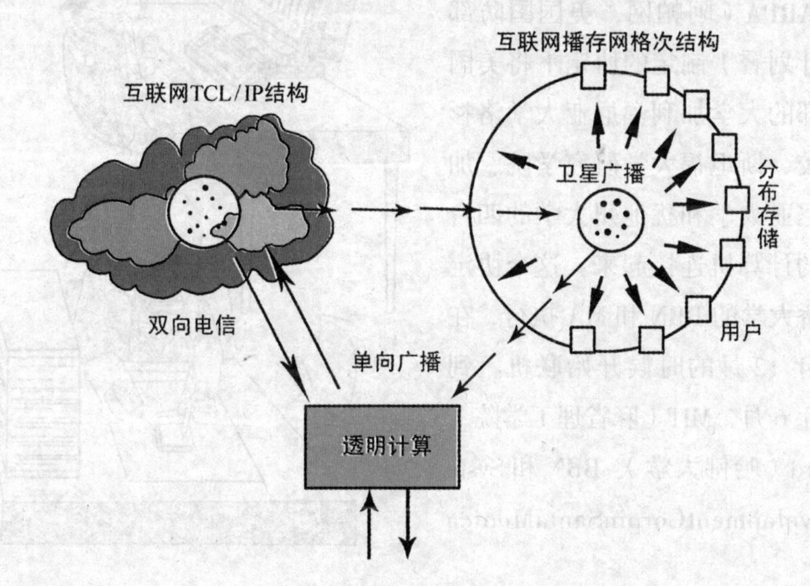

础之上的。

2. 可以通过“传输控制协议”和“互联网协议”（TCP/IP），或者今后其他接替的协议或与“互联网协议”（IP）兼容的协议来进行通信。

3. 以让公共用户或者私人用户享受现代计算机信息技术带来的水平、全方位的服务。这种服务是建立在上述通信及相关的基础设施之上的。

这当然是从技术的角度来定义互联网。这个定义至少揭示了三个方面的内容：首先，互联网是全球性的；其次，互联网上的每一台主机都需要有“地址”；最后，这些主机必须按照共同的规则（协议）连接在一起。

发展历程

互联网开始于1969年，是美军在ARPA（阿帕网，美国国防部研究计划署）制定的协定下将美国西南部的大学加利福尼亚大学洛杉矶分校、斯坦福大学研究学院、加利福尼亚大学和犹他州大学的四台主要的计算机连接起来。这个协定有剑桥大学的BBN和MA执行，在1969年12月的时候开始联机。到1970年6月，MIT（麻省理工学院）、Harvard（哈佛大学）、BBN和SystemsDevelopmentCorpinSantaMonica

（加州圣达莫尼卡系统发展公司）加入进来。到 1972 年 1 月，Stanford（斯坦福大学）、MIT’sLincolnLabs（麻省理工学院的林肯实验室）、Carnegie-Mellon（卡内基梅隆大学）和 Case-WesternReserveU 加入了进来。紧接着的几个月内 NASA/Ames（国家航空和宇宙航行局）、Mitre、Burroughs、RAND（兰德公司）和 theUofIllinois（伊利诺利州大学）也加入了进来。1983 年，美国国防部将阿帕网分为军网和民网，渐渐地扩大为今天的互联网。之后又有越来越多的公司加入进去。

1968 年，当参议员特德·肯尼迪听说 BBN 赢得了 ARPA 协定作为内部消息处理器（IMP），他就向 BBN 发送了贺电祝贺他们在赢得“内部消息处理器”协议中表现出来的精神。

互联网最初设计是为了能提供一个通信网络，就算一些地点被核武器摧毁也可以正常的工作。如果大部分的直接通道不通，路由器就会指引通信信息经由中间路由器在网络中传播。

最初的网络是给计算机专家、工程师和科学家用的。那个时候还没有家庭和办公计算机，而且任何一个用它的人，不论是计算机专家、工程师还是科学家都不得不学习那复杂的系统。

以太网——大多数局域网的协议，出现在 1974 年，它是哈佛大学学生鲍勃·麦特卡夫在“信息包广播网”上论文的副产品。这篇论文最初因为分析的不够而被学校驳回。后来他又加进一些因素，才被接受。

因为 TCP/IP 体系结构的发展，互联网在 20 世纪 70 年代迅速地发展起来，这个体系结构最初是有鲍勃·卡恩在 BBN 提出来的，然后由斯坦福大学的 Kahn（卡恩）和 VintCerf（温特·瑟夫）和整个 70 年代的其他人进一步发展完善。80 年代，美国国防部采用了这个结构，到 1983 年，整个世界普遍采用了这个体系结构。

1978 年，UUCP（UNIX 和 UNIX 拷贝协议）在贝尔实验室被提出来。1979 年，在 UUCP 的基础上新闻组网络系统发展起来。新闻组（集中某一主题的讨论组）紧跟着发展起来，它为在全世界范围内交换信息提供了一个新的方法。然而，新闻组并不认为是互联网的一部分，因为它不共享 TCP/IP 协议，它连接着遍布世界的 UNIX 系统，并且很多互联网站点都充分地利用新闻组。新闻组是网络世界发展中的非常重大的一部分。

同样地，BITNET（一种连接世界教育单位的计算机网络）连接到世界教育组织的 IBM 的大型机上，同时，1981 年开始提供邮件服务。Listserv 软件和后来的其他软件被开发出来用于服务这个网络。网关被开发出来用于 BITNET 和互联网的连接，同时提供电子邮件传递和邮件讨论列表。这些 listserv 和其他的邮件讨论列表形成了互联网发展中的又一个重要部分。

第一个检索互联网的成就是在 1989 年发明出来，是由 PeterDeutsch 和他的全体成员在 Montreal 的 McFillUniversity 创造的，他们为 FTP 站点建

立了一个档案，后来命名为 Archie。这个软件能周期性地到达所有开放的文件下载站点，列出他们的文件并且建立一个可以检索的软件索引。检索 Archie 命令是 UNIX 命令，所以只有利用 UNIX 知识才能充分利用他的性能。

McFill 大学是拥有第一个 Archie 的大学，发现每天中从美国到加拿大的通讯中有一半的通信量访问 Archie。学校关心的是管理程序能否支持这么大的通讯流量，因此只好关闭外部的访问。幸运的是当时有很多很多的 Archie 可以利用。

大概在同一时期，BrewsterKahle 当时是在 ThinkingMachines（智能计算机）发明了 WAIS（广域网信息服务），能够检索一个数据库下所有文件和允许文件检索。根据复杂程度和性能情况的不同有很多的版本，可是最简单的可以让网上的任何人利用。在它的高峰期，智能计算机公司维护着全世界范围内能被 WAIS 检索的超过 600 个数据库的线索。包括所有的在新闻组里的常见问题文件和所有的正在开发中的用于网络标准的论文文档等。和 Archie 一样，它的接口并不是很直观，所以要想很好的利用它也得花上很大的工夫。

第一个连接互联网的友好接口在 1991 年的时候被 Minnesota 大学开发出来。当时学校只是想要开发一个简单的菜单系统能够通过局域网访问学校校园网上的文件和信息。

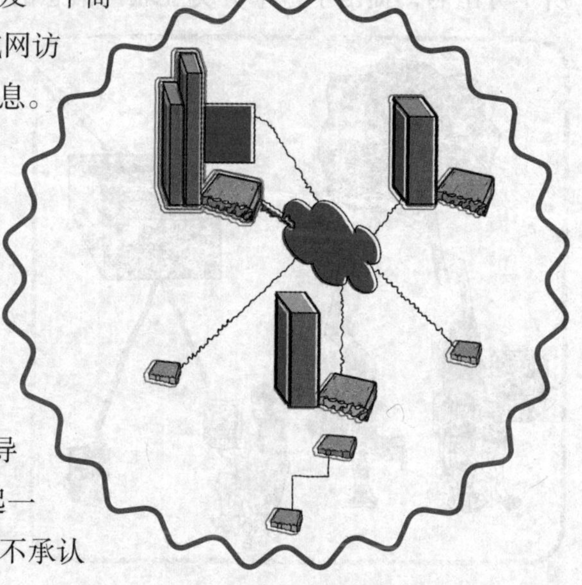

紧跟着大型主机的信徒和支持客户——服务器体系结构的拥护者们的争论就开始了。开始的时候大型主机系统的追随者占据了上风，可是自从客户——服务器体系结构的倡导者宣称他们可以很快建立起一个原型系统之后，他们不得不承认

失败。

客户——服务器体系结构的倡导者们很快作了一个先进的示范系统，这个示范系统叫作 Gopher。这个 Gopher 被证明是相当好用的，之后的几年里全世界范围内出现 10 000 多个 Gopher。它不需要 UNIX 和计算机体系结构的知识。在一个 Gopher 里面，你只需要输入一个数字选择你想要的菜单选项就行了。今天你可以用 theUofMinnesotagopher 选择全世界范围内的所有 Gopher 系统。

当内华达州立大学的 Reno 创造了 VERONICA（通过 Gopher 使用的一种自动检索服务），Gopher 的可用性就大大地加强了。遍布世界 gopher 像网搜集网络连接和索引。它是如此地受欢迎，以至于想要连上他们十分困难，因为如此，为了减轻负荷大量的 VERONICA 被开发了出来。类似的单用户的索引软件也被开发了出来，称作 JUGHEAD。

Archie 的发明人 PeterDeutsch 一直坚持 Archie 是 Archier 的简称。当 VERONICA 和 JUGHEAD 出现的时候，他对此表示出厌恶。

1989 年，在普及互联网应用的历史上又一个重大的事件发生了。Tim Berners 和其他在欧洲粒子物理实验的人——这些人在欧洲粒子物理研究所十分出名，提出了一个分类互联网信息的协议。这个协议，1991 年后被称为 WorldWideWeb，基于超文本协议——在一个文字中嵌入另一段文字的连接系统，当你在阅读这些页面的时候，你可以随时用他们选择一段文字链接。虽然它出现在 gopher 之前，可是发展却十分缓慢。

因为最开始互联网是由政府部门投资建设的，所以它最初只限于研究部门、学

校和政府部门使用。除了以直接服务于研究部门和学校的商业应用之外，其他的商业行为是不允许的。90 年代初，当独立的商业网络开始发展了起来，这种局面才终于被打破。这使得从一个商业站点发送信息到另一个商业站点而不经过政府资助的网络中枢成了一种可能。

Dephi 是最早的为他们的客户提供在线网络服务国际商业公司。1992 年 7 月开始电子邮件服务，1992 年 11 月开展了全方位的网络服务。在 1995 年 5 月，当 NFS（国际科学基金会）失去了互联网中枢的地位，所有有关商业站点的局限性的谣传都不复存在了，并且所有的信息传播都依赖商业网络。AOL（美国在线）、Prodigy 和 CompuServe（美国在线服务机构）也开始了网上服务。在这段时间里面由于商业应用的广泛传播和教育机构自力更生，这就使得 NFS 成本投资的损失是无法估量的。

现如今，NSF 已经放弃了资助网络中枢和高等教育组织，一方面开始建立 K–12 和当地公共图书馆建设，另一方面研究提高网络大量高速的连接。

微软全面进入浏览器、服务器和互联网服务提供商（ISP）市场的转变已经完成，实现了基于互联网的商业公司。1998 年 6 月微软的浏览器和 Win98 很好的集成桌面电脑显示出 BillGates（比尔·盖茨）在迅速成长的互联网上投资的决心。

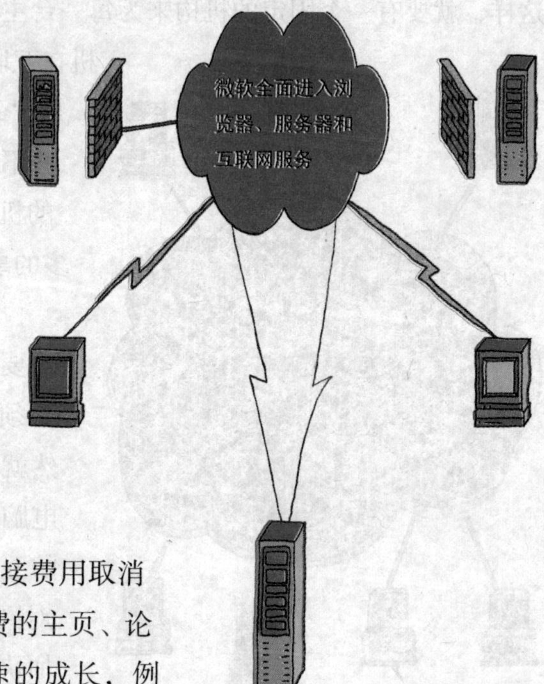

在互联网速发展壮大的时期，商业走进互联网的舞台对于寻找经济规律是不规则的。

免费服务已经把用户的直接费用取消了。Dephi 公司，现在提供免费的主页、论坛和信息板。在线销售也迅速的成长，例如，书籍、音乐、家电和计算机等，并且价格比较来说他们的利润是十分少，然而公众对于在线销售的安全性依然存在疑问。

有关影响

互联网是全球性的。这就意味着我们目前使用的这个网络，不管是谁发明了它，都是属于全人类的。这种“全球性”并不是一个空洞的政治口号，而是有其技术保证的。互联网的结构是按照“包交换”的方式连接的分布式网络。因此，在技术的层面上，互联网绝对不存在中央控制的问题。也就是说，不可能存在某一个国家或者某一个利益集团通过某种技术手段来控制互联网的问题。反过来，也无法把互联网封闭在一个国家之内，除非建立的不是互联网。

互联网的影响

然而，与此同时，这样一个全球性的网络，一定要有某种方式来确定联入其中的每一台主机。在互联网上绝对不能出现类似两个人同名的现象。这样，就要有一个固定的机构来为每一台主机确定名字，由此确定这台主机在互联网上的“地址”。然而，这只是“命名权”，这种确定地址的权力并不意味着控制的权力。负责命名的机构除了命名之外，并不能做更多的事情。

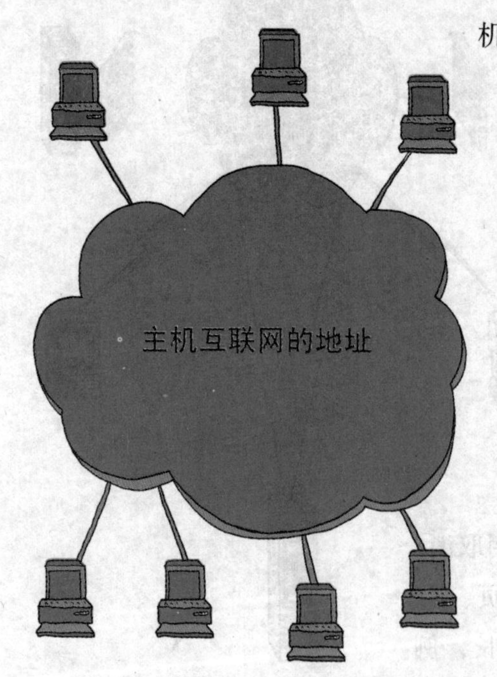

同样的，这个全球性的网络也需要有一个机构来制定所有主机都必须遵守的交往规则（协议），不然就不可能建立起全球所有不同的电脑、不同的操作系统都能够通用的互联网。下一代 TCP/IP 协议将对网络上的信息等级进行分类，以加快传输速度（比如，优先传送浏

览信息，而不是电子邮件信息），就是这种机构提供的服务的例证。同样，这种制定共同遵守的“协议”的权力，也不意味着控制的权力。

毫无疑问，互联网的所有这些技术特征都说明对于互联网的管理完全与“服务”有关，而与“控制”无关。

事实上，目前的互联网还远远不是我们经常提到的“信息高速公路”。这不仅因为目前互联网的传输速度不够，更为重要的是互联网还没有定型，总是一直在发展、变化。因此，任何对互联网的技术定义也只能是当下的、现时的。

与此同时，在越来越多的人加入到互联网中、越来越多地使用互联网的过程中，也会不断地从社会、文化的角度对互联网的意义、价值和本质提出新的理解。

网络就是传媒

就好像我们所看到的那样，互联网的出现当然是人类通信技术的一次革命，可是如果仅仅从技术的角度来理解互联网的意义明显是远远不够的。互联网的发展早就已经超越了当初 ARPANET 的军事和技术目的，几乎从一开始就为了人类的交流而服务的。

就算是在 ARPANET 的创建初期，美国国防高级研究计划署指令与控制研究办公室主任利克里德尔就已经强调电脑和电脑网络的根本作用是为了人们的交流服务，而不只是单纯的用来计算。

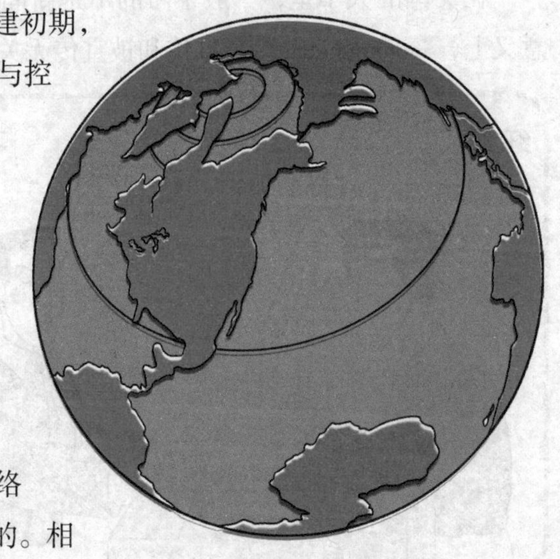

后来，麻省理工学院电脑科学实验室的高级研究员 DavidClark 也曾经写道：“把网络看成是电脑之间的连接是不对的。相

反，网络把使用电脑的人连接起来了。互联网的最大成功不在于技术层面，而在于对人的影响。电子邮件对于电脑科学来说也许不是什么重要的进展，然而对于人们的交流来说则是一种全新的方法。

互联网的持续发展对我们所有的人都是一个技术上的挑战，可是我们永远不能忘记我们来自哪里，不能忘记我们给更大的电脑群体带来的巨大变化，也不能忘记我们为将来的变化所拥有的潜力。”很明显的，从互联网到今天的发展过程来看，网络就是传媒（Communication）。

英文的“Communication”是一个不太容易翻译的词。当我们谈到消息、新闻的时候，这个词指的是传播和传达；当我们说起运输的时候，这个词指的是交通；而当我们讨论人际关系的时候，这个词又和交往、交流有关。当年利克里德尔强调电脑的作用在于“交流”，用的就是这个词。

有趣的是，“电脑”（Computer）和“交流”（Communication），都有一个共同的词根：“com”（共、全、合、与等）。古英语的“Communicate”，就有“参与”的意思。

多功能的互动平台

互联网就是能够相互交流，相互沟通，相互参与的互动平台。

在美国的大学里，一般学习的不是新闻学，而是大众传播学。在这个意义上，“communicate”与宣传和被宣传无关，而是和大家共同“参与”的“交流”紧密相关。

互联网到今天的发展，完全证明了网络的传媒特性。一方面，作为一种狭义的小范围的、私人之间的传媒，互联网是私人之间通信的极好工具。在互联网中，电子邮件始终都是使用最为广泛也是最受重视的一项功能。因为电子邮件的出现，人与人之间的交流更加的方便，也更加普遍了。

另一方面，作为一种广义的、宽泛的、公开的、对大多数人有效的传媒，互联网通过大量的、每天至少有几千人乃至几十万人访问的网站，实现了真正的大众传媒的作用。互联网可以比任何一种方式都更快、更经济、更直观、更有效地把一个思想或信息传播开来。

而互联网的出现，电子邮件和环球网的使用，正好为人的交流提供了良好的工具。

网页就是出版物

如果理解了“网络就是传媒”，那么就很容易理解作为互联网功能之一的环球网的网页实质上就是出版物，它具有印刷出版物所应具有的几乎所有功能。几年来环球网发展的事实，证明了这一点。

事实上，有相当数量的环球网用户直接把环球网当作出版物。根据 NetSmart 的统计，50% 的用户阅读在线的杂志，48% 的用户阅读在线报纸。

就算不通过环球网阅读报刊，环球网的网页本身也起到了出版物的作用。

环球网的发明者伯纳斯利在他关于环球网的宣言中，明确地指出：环球网在本质上是使个人和机构可以通过分享信息来进行通信的一个平台。当把信息提供到环球网上的时候，也就被认为是出版在环球网上了。在环球网上出版只需要“出版者”有一台电脑和互联网相连并且运行环球网的服务器软件。就好像印刷出版物，

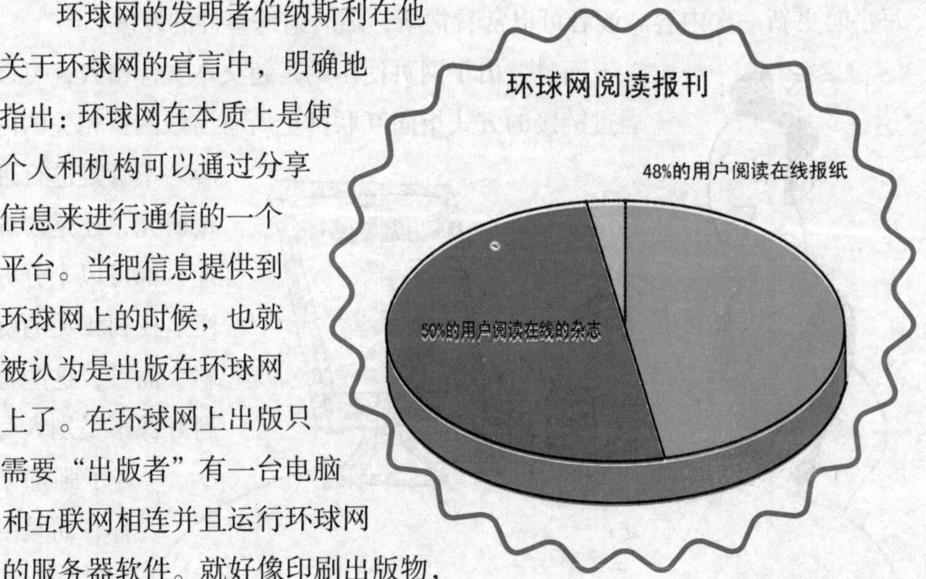

环球网是一个通用的传媒，然而，与印刷出版物相比较，网页具有印刷出版物所不具有的很多特点。

首先，网页的成本十分便宜。在纸张很紧张、很昂贵的情况下，网页的优点就格外明显。因为，与印刷出版物不同，网页只是一种电子出版物，建立网页并不需要纸张。而且，当电影工作者、戏剧工作者、甚至也包括作家们在感叹自己的工作是“一门遗憾的艺术”的同时，网页的优点也显示了出来。因为，网页是可以随时修改、随时“再来一次”的。

网页的另外一个优点就是读者面广。既然不必花钱，那么谁都喜欢多看一些东西，因此，好的网页一定要好的书报传播面广得多。一个好的网页一般每天都有几万、甚至几十万人次光顾。其影响也就可想而知了。

而且，既然是电子出版物，网页的传播速度也是印刷出版物所不能比拟的。

不用说书籍，就算是报纸，从编辑、排版、印刷到发行都需要不少的时间，可是网页却十分简单，只要放在网上就行了。这里，网页与印刷出版物的区别在于，印刷出版物是要送到读者手里的，而网页则由读者自己来取。互联网上影响最大的新闻网页（比如，美国有线新闻网 CNN）都是每小时更新一次内容。读者可以常看常新，随时追踪事件的发展。

而且，由于网页使用的是超文本文件格式，可以通过链接的方式指向互联网上所有与该网页相关的内容。不管是进行理论研究，还是读新闻，都可以十分方便地找到相关的资料。而且，这些材料好像不是别人写好了强加于你，而是由你“参与”

其中，自己“找”出来的。

也许，网页和印刷出版物的最大区别还是在于反馈。印刷出版物的反馈渠道往往还是印刷，在很多的情况下，得到反馈是十分难得的。而对一个网页提出不同的看法就十分容易。

正是因为作为一种出版物的这些特性，环球网正越来越受到广大用户的青睐。

根据 PC-Meter1996 年的调查，平均每个互联网用户每次访问的环球网的网站有 5.6 个，每次查看的网页就有 20.8 个，而平均阅读每一个网页所需要的时间大约 1.4 分钟，平均每次上网阅读环球网页的时间大约 28 分钟。作为这样一种具有私人和公共的双重功用的传媒，互联网效用的实现从根本上还是依赖于参与者，也就是用户的增加。而这一特性又是和网络的本性完全一致的。

相关命名

互联网、因特网、万维网三者的关系是：互联网包含因特网，因特网包含万维网。凡是能彼此通信的设备组成的网络就叫互联网。所以，就算只有两台机器，不论用何种技术使其彼此通信，也叫作互联网。国际标准的互联网写法是 internet，注意字母 i 一定要小写！

因特网是互联网的一种。因特网可不是只有两台机器组成的互联网，它是由上千万台设备组成的互联网。因特网使用 TCP/IP 协议让不同的设备可以彼此通信。可是使用 TCP/IP 协议的网络并不一定就是因特网，一个局域网也可以使用 TCP/IP 协议。

判断自己是否接入的是因特网，首先是看自己电脑

是否安装了 TCP/IP 协议，其次看是否拥有一个公网地址（所谓公网地址，就是所有私网地址以外的地址）。国际标准的因特网写法是 Internet，注意字母一定要大写！

因特网是基于 TCP/IP 协议来实现的，TCP/IP 协议是由很多的协议组成的，不同类型的协议又被放在不同的层，其中，位于应用层的协议就有很多，比如，FTP、SMTP、HTTP。只要应用层使用的是 HTTP 协议，就称为万维网（WorldWideWeb）。之所以在浏览器里输入百度网址的时候，可以看见百度网提供的网页，就是因为你的个人浏览器和百度网的服务器之间使用的是 HTTP 协议在交流。

现实应用

互联网在现实生活中的应用相当广泛。在互联网上我们可以聊天、玩游戏、查阅资料等。更为重要的是在互联网上还可以进行广告宣传和购物。互联网给我们的现实生活带来很大的方便。我们在互联网上可以在数字知识库里面寻找自己学业上、事业上的需要，从而帮助我们的工作与学习。

发展规模

中国网民规模继续呈现持续快速发展的趋势。截到 2008 年 6 月底，中国网民数量达到了 2.53 亿人，2007 年底美国的网民数为 2.18 亿人，按照美国近年来的网民增长速度估算，美国网民人数在 2008 年 6 月底不会超过 2.3 亿人，所以中国网民的规模已经跃居世界第一位。比去年同期增长了 9100 万人，在 2008 年的上半年，中国网民的数量净增量为 4300 万人。

越来越多的居民认识到互联网的便捷作用，随着网民规模与结构特征上网设备成本的下降和居民收入水平的提高，互联网正在逐步走进千家万户。

目前全球互联网普及率最高的国家是冰岛，已经有 85.4% 的居民都是网民。中国的邻国韩国、日本的普及率分别为 71.2% 和 68.4%。与中国经济发展历程有相似性的俄罗斯互联网普及率则则是 20.8%。一方面，中国互联网与互联网发达国家还存在较大的发展差距，中国整体经济水平、居民文化水平再上一个台阶，才能够更快地促进中国互联网的发展；另一方面，这种互联网普及状况说明，中国的互联网处在发展的上升阶段，发展潜力较大。

不同接入方式网民规模，业界和网民非常关注宽带的接入状况。享受宽带接入服务的网民越多，中国的互联网接入情况就越好。目前中国网民中接入宽带比例为 84.7%，宽带网民数已经达到 2.14 亿人。目前中国的手机上网网民数已经达到 7305 万人。2.53 亿的网民中，半年内有过手机接入互联网行为的网民比例达到了 28.9%。手机上网以其特有的便捷性，在中国迅速发展。手机上网的发展，使得网民的上网选择更加丰富，手机上网情况的变化也从一个侧面反映了网民上网条件的变化。

直到 2009 年年底，中国的网民数量已经达到了 3.84 亿，互联网普及

率为 28.9%，高于世界的平均水平。按照这种速度发展，未来 2 ~ 3 年中国的网民数量预计将会超过 5 亿。

根据 2012 年 1 月 16 日中国互联网络信息中心（CNNIC）在京发布的《第 29 次中国互联网络发展状况统计报告》显示，截至 2011 年 12 月底，中国网民的规模突破了 5 亿，达到了 5.13 亿，全年新增网民 5580 万。互联网普及率较上年底提升了 4 个百分点，达到了 38.3%。

低俗定义

互联网的低俗内容主要包括，不符合法律法规的内容，包括宣扬血腥暴力、凶杀、恶意谩骂、侮辱诽谤他人的信息；容易诱发青少年不良思想行为和干扰青少年正常学习生活的内容，包括直接或者隐晦表现人体性部位、性行为，具有挑逗性或者污辱性的图片、音视频、动漫、文章等，非法的性用品广告和性病治疗广告，以及散布色情交易、不正当交友等信息；侵犯他人隐私的内容，包括走光、偷拍、露点，以及利用网络恶意传播他人隐私的信息等；违背正确婚恋观和家庭伦理道德的内容，包括宣扬婚外情、一夜情、换妻等信息。

主流功能分类

通讯：即时通讯，电邮，微信。

社交：facebook，微博，空间，博客，论坛。

网上贸易：网购，售票，工农贸易。

云端化服务：网盘，笔记，资源，计算等。

资源的共享化：电子市场，门户资源，论坛资源等，媒体（视频、音乐、文档）、游戏，信息。

服务对象化：互联网电视直播媒体，数据以及维护服务，物联网，网络营销，流量，流量等。

趋势及预测

概述

我们能期待在未来 10 年或者更久的时间里，网络会给我们带来什么呢？针对民意调查发表评论，认为未来10年里，网络最大的影响力将不必非通过电脑屏幕来表现，“你在网络中的活动将包括你的存在，旅行，商品购买或者其他行为”，当然，很多的交叉趋势也将出现在以下的10个（或者更多）网络发展趋势中，同时还会有一些非常流行的网络技术是我们现在所无法预测的。

综合所有的因素考量，未来十年，将有十大网络趋势出现。

语义网

关于语义网的观点人们已经重要关注很长一段时间了。事实上，它已经像大白鲸神乎其神了。总的来说，语义网涉及机器之间的对话，它使得网络更加智能化，或者就像Berners-Lee所描述的那样，计算机“在网络中分析所有的数据内容，链接以及人机之间的交易处理”。在另一个时间，Berners-Lee把它描述为“为数据设计的似网程序”，比如，对信息再利用的设计。

就好像Alex在《通往语义网》中写道，语义网的核心是创建可以处理事物意义的元数据来描述数据，一旦电脑装备上语义网，它将能解决复杂的语义优化问题。

那么什么时候语义网时代才会到来呢？创建语义网的组件已经出现：RDF，OWL，这些微格式只是众多组件之一。可是，Alex在他的文章中指出，将需要一些时间来诠释世界的信息，然后再以某种合适的方式来捕获个人信息。一些公司，如Hakia，Powerset以及Alex自己的adaptiveblue都正在积极地实现语义网，所以，未来我们的关系将会更亲密，可是我们需要等上好些年，才能看到语义网的设想实现。

人工智能

人工智能可能会是计算机历史中的一个终极目标。从1950年，阿兰图灵提出的测试机器如人机对话能力的图灵测试开始，人工智能就成为计算机科学家们的梦想，在接下来的网络发展中，人工智能使得机器更加智能化。在这个意义上来看，这和语义网在某些方面有些相同。

我们已经开始在一些网站应用一些低级形态的人工智能。Amazon已经开始用MechanicalTurk（注：一种人工辅助搜索技术）来介绍人工智能，以及它的任务管理服务。它能使电脑程序调整人工智能的应用来完成以前电脑没有办法完成的任务。自从2005年11月创建以来，MechanicalTurk已经有了一些追随者，有一个“Turker”聚集的论坛叫Turker国度，看起来已经有一部分的人光顾这里。可是，在我们1月份对它进行报道的时候，它的用户起来还没有刚刚建立起来的时候多。

虽然如此，人工智能还是赋予了网络很多的承诺。人工智能技术现在正被用于一些像Hakia，Powerset这样的“搜索2.0”公司。Numenta是Techlegend公司的JeffHawkins（掌上型电脑发明者）创立的一个让人兴奋的公司，它试图用神经网络和细胞自动机建立一个新的脑样计算范例。这就意味着Numenta正试图用电脑来解决一些对我们来说很容易的问题，比如识别人的脸，或者感受音乐中的式样。因为电脑的计算速度远远超过了人类，我们希望新的疆界将被打破，使我们可以解决一些以前无法解决的问题。

虚拟世界

作为将来的网络系统，第二生命得到了很多主流媒体的关注。可是在最近一次 SeanAmmiratiI 参加的超新星小组会议中，讨论了一些涉及许多其他虚拟世界的机会。

以韩国为例，随着“青年一代”的成长和基础设施（网络）建设，未来 10 年，虚拟世界将会成为全世界范围内一个相当具有活力的市场。

它不仅涉及数字生活，也使得我们的现实生活更加数字化。Alex 说，一方面，我们已经在迅速发展第二生命及其他虚拟世界。另一方面，我们已经开始通过技术用数字信息来诠释地球，如 GoogleEarth。

移动网络

移动网络是未来另一个发展前景巨大的网络应用。它已经在亚洲和欧洲的部分城市迅猛发展起来。苹果 iphone 的推出是美国市场移动网络的一个标志事件。这只是一个开始而已。在未来 10 年的时间里将有更多的定位感知服务可以通过移动设备来实现，比如，当你逛当地商场的时候，会收到很多为你定制的购物优惠信息，或者当你在驾驶车的时候，收到地图信息，或者你周五晚上跟朋友在一起的时候收到玩乐信息。我们也期待大型的互联网公司，如 YAHOO，GOOGLE 成为主要的移动门户网站，还有移动电话运营商。

像 SONY-ERICSSON，PALM，BLACKBERRY 以及 MICROSOFT 这些公司都已经涉足移动网络好几年了，可是移动网络的一个主要问题就是用户的使用便捷性。iphone 有一个创新性的界面，使用户能更轻松地利用缩放以及其他的方法来浏览网络。此外，ALEXISKOLD 的指出，这款 iphone 是一种策略，扩大了苹果的影响力范围，从网络浏览到社区化网络，甚至有可能是搜索领域。

虽然 iphone 在美国（或者当 iphone 投放到其他国家后）进行了大肆地宣传，iphone 至少会存在 10 年，直到移动网络设备取得重大的突破。

注意力经济

注意力经济是一个市场，在那里消费者同意接受服务，以换取他们的注意。举个例子来说：个性化新闻，个性化搜索，消费建议。注意力经济表示消费者拥有选择权，他们可以选择在什么地方“消费”他们的关注。另外一个关键的因素是与注意力有关联性的，只要消费者看到相关的内容，他/她会继续集中注意力关注，那么就能创造出更多的机会来出售。

期望在未来十年看到这个概念在互联网经济中变得更加重要。我们已经看到像 AMAZON 和 netflix 这样的公司，可还是有很多机会等待新的创业者发掘。

提供网络服务的网站

Alex 在一篇文章中写道，随着越来越多的网站变得综合性，整个网站系统正在变成一个平台和数据库。大型网站将会转化提供为网络服务，将把他们的信息有效地暴露给世界。这种变革从来都不是顺利的，比如，伸缩性就是一个大问题，法律上也不是简单的。

不过，ALEX 说网站变为提供网路服务，

这并不是一个问题，问题是什么时候开始及怎么做。这种转变将会以以下两种方式中发生一种，有一些网站会效仿 AMAZON 和 del.icio 以及 flickr 的网站，并且通过一个 RESTAPI（专业术语）来提供信息。其他网站会尽量保持自己的信息不公开。可是它将通过 mashups 来创建可用的服务，如 DAPPER，TEQLO，以及 YAHOOPIPE。实际的结果将是非结构化信息将让路给结构化信息，这将会为更多的智能化铺平道路。

注意了，我们也可以看到目前这一趋势正在从一些小的地方显现出来，特别是 2007 年的 facebook 网站。也许在未来的 10 年里，网络服务的景观将会更加开阔，因为在 2007 年“围墙花园”仍然制约着我们。（注：“围墙花园”指的是一个控制用户对网页内容和服务进行访问的环境）

在线视频 / 网络电视

这个趋势已经在网络上爆炸般显现，可是你感觉它仍然有很多未待开发的，还有很广阔的前景。

2006 年 10 月，GOOGLE 获得了这个地球上最热门在线视频资源 youtube。同月，kazaa 与 skype 的创始人也正在建立一个互联网电视服务，昵称威尼斯项目（后来命名为 joost）。2007 年，youtube 继续称霸，同时，互联网电视服务正在慢慢腾飞。

我们的网络博客 last100 以评论 8 个主要的网络电视应用程序的方式对目前互联网电视的发展前景做了一个很好的概述。读写网的 JOSHCATO-NEYE 也分析了其中的 3 个 joost，babelgum，zattoo。

很明确的是，在未来的 10 年里，互联网电视将和我们现在完全不一样。更高的画面质量，更强大的流媒体，个性化，共享以及更多的优点，都将在接下来的 10 年里实现，或许一个大的问题就是“现在主流的电视网（全国广播公司，有线电视新闻网等）怎么适应？”

富互联网应用程序

随着目前混合网络 / 桌面应用程序发展趋势的继续，我们将能期望看到 RIA（丰富互联网应用程序）在使用和功能上的继续完善。adobe 的空中平台是富互联网应用程序的众多领跑者之一，还有微软公司的层编程框

架（WPF）。另外，在交叉区域的是 LASZLO 的开放性 openlaszlo 平台，还有一些其他的刚刚创建的公司提供富互联网应用程序（RIA）平台。我们不能忘记的是，AJAX（一种交互程序语言）也被认为是一种富互联网应用程序（RIA），这还需要去看 AJAX 将能持续多久，或者还会有“2.0”。

RYANSTEWART2006 年 4 月（之前，他在 adobe 公司）在读写网中谈到了“富互联网应用程序允许那些对能保持用户参与很重要的先进效果和转化”，这就意味着，那些开发者将把网站惊人的变化认为是理所当然，并且将着力为用户提供完美的体验。这对任何参与兴建新的网络的人都将是一个激动人心的时刻，因为网络界面终于赶上内容。

过去的一年里，随着 adobe 和微软对富互联网应用程序（RIA）的开发，RYAN 的观点已经被证明是正确的。同时，也有更多的创新发生，因此，在未来 10 年里，相信人们已经迫不及待地想要看到 RIA 的领域里会有怎么样的“风景”！

国际网络应用

直到 2007 年，美国仍然是互联网的主要市场。可是在 10 年的时间里，事情有可能会发生很大的变化。中国是一个经常被提到的增长市场，可是，其他人口大国也会增长，比如，印度和非洲国家。

对于大多数 web2.0 应用及网站（包括读写网）来说，美国市场组成

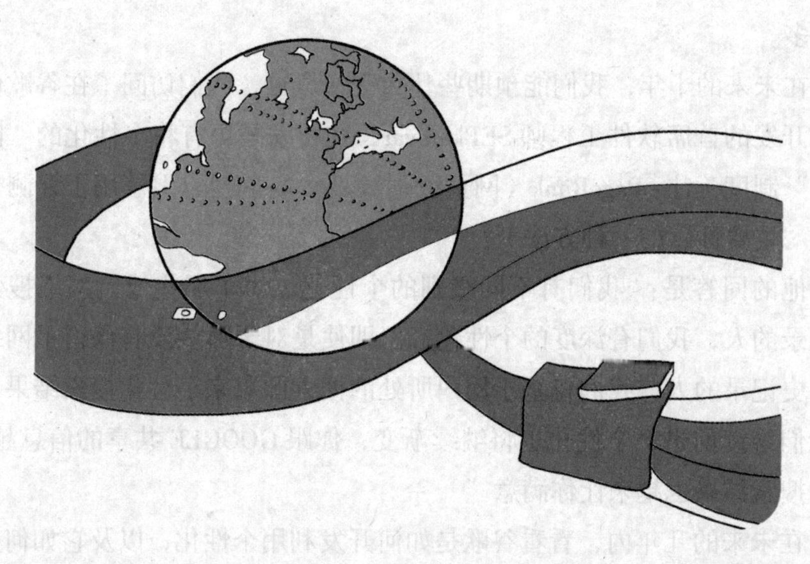

了它们超过 50% 的用户。的确，comscore 在 2006 年 11 月份的报告显示，顶级网站 3/4 的网络流量是来自于国际用户。Comscore 还显示，美国 25 家大网站里面，有 14 家吸引的国际用户比本土更多，包括前 5 位的网站：YAHOO，时代华纳，微软，GOOGLE，EBAY。

可是，现在还是刚刚开始，国际网络市场的收入在现在还不算很大。在未来 10 年的时间里，国际互联网的收入将会增加。

个性化强势话题

2007 年，个性化一直是一个强势的话题，特别对 GOOGLE 来说更是如此。

读写网针对个性化 GOOGLE 做了一个一周专题。可是你可以看到这个趋势在许多新兴的 2.0公司中显示出来，从 last 到 mystrands，YAHOO 个人主页以

及更多。

在未来的十年，我们能预期些什么呢？最近，我们访问了在谷歌做个性化开发的首席软件工程师SEPkamvar，在将来是否有将个性化的“网页级别”制度（注：PageRank〈网页级别〉是Google搜索引擎用于评测一个网页“重要性”的一种方法）？

他的回答是：“我们有不同级别的个性化。对于那些保留网络搜索历史记录的人，我们有深度的个性化，但即使是对于那些没有保留了网络搜索历史记录的人，我们将基于用户所处的搜索国家来个性化搜索结果。随着我们继续前进，个性化也将继续渐变，你跟GOOGLE共享的信息越多，你的搜索结果也越来让你满意。”

在未来的几年内，看看谷歌是如何开发利用个性化，以及它如何处理隐私的问题，将是一件十分具有吸引力的事情。

服务模式

随着互联网在全球范围内的扩展，中国互联网快速发展，近年来中国ISP的数量不断增加，提供的业务也丰富起来。然而要实现中国互联网服务的繁荣，不仅需要越来越多的互联网服务提供商提供丰富的业务，还需要互联网服务提供商ISP不断地开拓服务市场，采取灵活的运营模式，找到自身盈利的途径，不断地提升自身的自主创新能力，增强核心竞争力。这里就中国ISP的运营模式进行了研究，分析了不同的业务类型对ISP运营模式的不同需求。

互联网业务提供商（ISP：Internet Service

Provider）是互联网服务提供商，向广大用户综合提供互联网接入业务、信息业务和增值业务的电信运营商。ISP 是经国家主管部门批准的正式运营企业，享受国家的法律保护。

互联网内容提供商（ICP：InternetContentProvider）是互联网内容提供商，也就是向广大用户综合提供互联网信息业务和增值业务的电信运营商。ICP 同样是经国家主管部门批准的正式运营企业，享受国家法律的保护。国内知名 ICP 有新浪、搜狐、163、21CN 等。

在互联网应用服务产为链"设备供应商——基础网络运营商——内容收集者和生产者——业务提供者——用户"中，ISP/ICP 处于内容收集者、生产者以及业务提供者的位置。因为信息服务是中国信息产业中最为活跃的部分，ISP/ICP 也是中国信息产中为最富创新精神、最活跃的部分。到 2006 年底中国注册增值业务提供商大约有 2.1 万多家，其中大部分是基于互联网开展业务的 ISP/ICP。随着以内容为王的互联网发展特征逐渐明晰，大部分 ICP 也同时扮演着 ISP 的角色。

全球互联网发展情况

全球互联网自 20 世纪 90 年代进入商用以来迅速拓展，目前已经成为当今世界推动经济发展和社会进步的重要信息基础设施。经过短短十几年的发展，截至 2007 年 1 月，全球互联网已经覆盖五大洲的 233 个国家和地区，网民达到了 10.93 亿，用户普及率为 16.6%，宽带接入已经成为主要的上网方式。同时，互联网迅速渗透到经济与社会活动的各个领域，推动了全球信

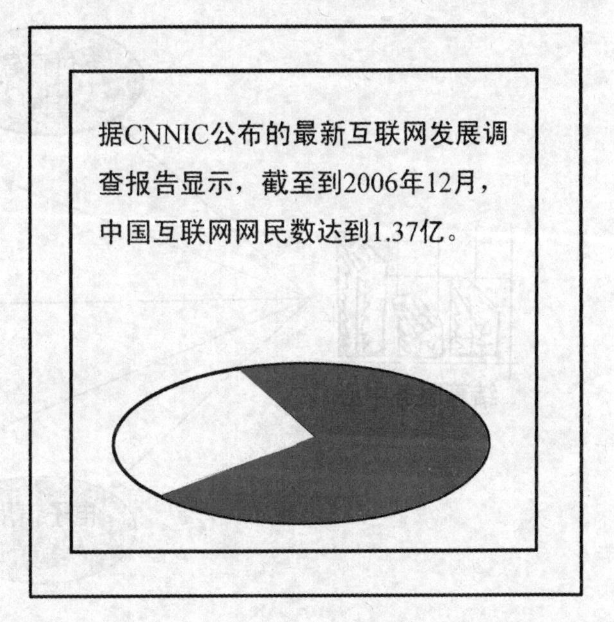

息化进程。全球互联网内容和服务市场发展活跃，众多的ISP参与到国际互联网服务的产业链中。由此带来了互联网服务的产业发展活跃，推动形成了一批ISP，比如，Google、Yahoo、eBAY等，成为具有全球影响力的互联网企业。2006年10月Google公司的市值已经达到1450亿美元，成为全球第三大IT公司。

中国的互联网发展虽然起步比国际互联网发展晚，可是进入新世纪以来，同样快速地发展起来。根据CNNIC公布的最新互联网发展调查报告显示，截止到2006年12月，中国互联网网民数达到1.37亿，同1997年10月第一次调查的62万网民人数相比，现在的网民人数已经是当初的221倍。宽带上网人数达到9070万，位居全球第二位，手机上网网民数1700万。中国网站数为843 000个，全国网页数为44.7亿个。

互联网ISP提供的主要业务以及业务收入情况

随着宽带的发展，以及全球化程度的不断加深，中国互联网的业务应用同国际主流的业务应用发展基本上一致，中国ISP在业务提供能力方面也同世界先进国家的ISP站在同一起点。目前国际主流的互联网业务在中国都有应用。

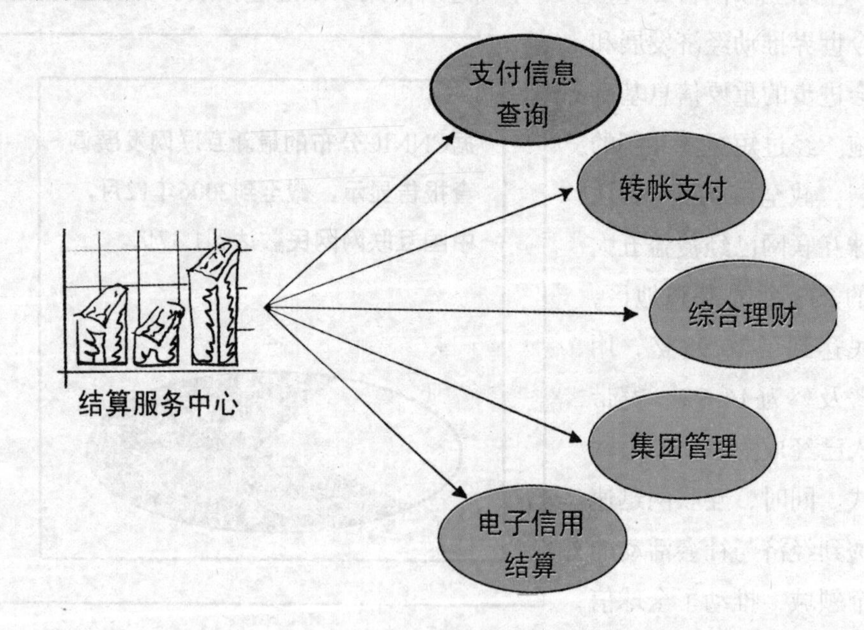

可是，中国本土的ISP主营的互联网应用还是具有中国特色。比如，在中国网络游戏业务和即时通信业务发展明显优于全球的平均水平。

中国ISP2005年总体行业收入大概在300亿人民币。总体行为收入增长快速态势明显，2004年到2005年的增长率大约40%。

互联网原有的免费提供业务的方式，曾经作为互联网的特点和优势，推动了互联网的发展。可是，如果一切都以免费的方式提供，那么互联网的业务提供能力将难以快速提升，互联网在各种专业的服务，比如，金融业、出版业等的应用和发展将会受限，因此全球的ISP在自身发展的过程中也积极地探索业务提供的商业模式和盈利模式。

ISP公司发展情况千差万别，从中国的ISP公司运营商业模式来看，有以下三种基本的的商业模式：

第一种是大而全的商业模式，ISP提供广泛的互联网业务。比如，在20世纪90年代，雅虎是这种方式的代表。

第二种是专注于主营业务的模式。比如，腾讯专注于即时通信业务；刚在Nasdaq上市的“如家”公司是一家专门从事酒店业的ISP。

第三种是综合经营型的商业模式。比如，新浪这类大门户，在主营新闻信息服务的同时，经营网络游戏、提供网络广告服务等多种互联网业务，并从这些非主营业务中获利。

目前，中国ISP大多采用综合经营信息服务的模式，在关注核心业务的同时，兼顾提供其他互联网信息服务。通地这种经营模式，ISP得以扩展自身的业务运营领域，扩展盈利来源，丰富运营模式，增强自身的核心竞争力。

中国ISP采用的商业模式与中国互联网应用市场的竞争格局相关。因为各互联网业务领域的竞争都十分激烈，竞争格局随时都有可能发生变化，因而造成了中国ISP大多注重全面巩固和提升自身核心业务能力，提高业务服务进入门槛，ISP通过这种发展模式，确保自身垄断、主导或者优势地位，为自身的发展创造机会。

另外，中国ISP大多同国内电信运营商合作。中国电信推出互联星空

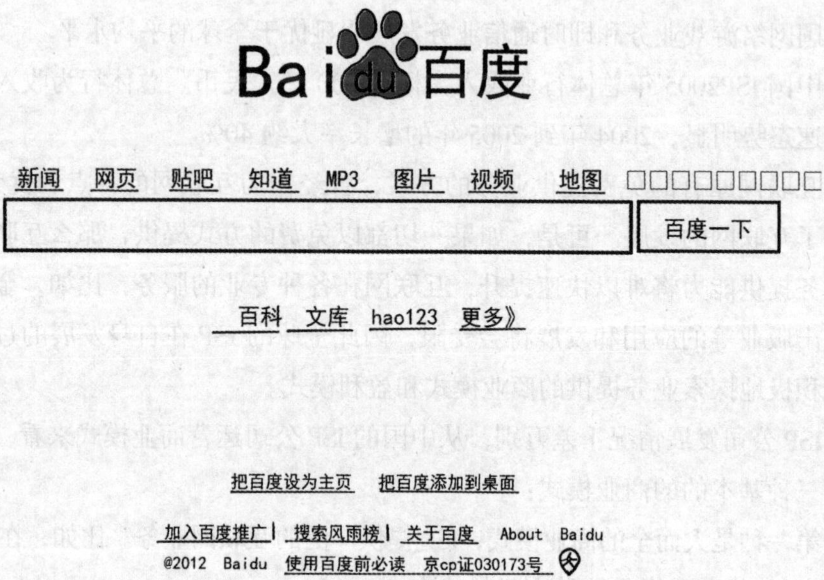

合作平台，成为众多ISP寻求同中国电信合作共赢的良好土壤，各ISP在中国电信的网络平台上提供互联网业务服务，不仅推动了宽带产业发展，也保障了自身用户和业务发展，促进了自身良好的运营。中国移动构架的移动梦网平台，是众多提供移动互联网业务的ISP同中国移动合作的良好平台。一般来说，传统电信运营商会同ISP采用业务收入分成来共享收益。这种合作模式带来了通信产业链的发展和延伸，价值分配逐步走向合理均衡。虽然这种模式在国内外都比较成功，可是在整个商业活动过程中，传统电信运营商还是占据了主要的控制地位。目前，中国的电信运营商正在对这种分成模式进行调整，“5050”新模式的出现预示着中国ISP新一轮的运营模式调整已经开始。目前来看，虽然内容为王已经逐渐成为了中国互联网业务市场的重要特征，可是ISP在内容上具有的明显优势并没有根本改变产业链的主导力量，网络资源和用户资源依然是决定互联网业务产业链上谁是主角的重要因素。

典型ICP运营模式分析

目前按照主营的业务划分，中国ISP主要有以下几类。

1. 搜索引擎 ICP

到了 2005 年底，使用过搜索引擎业务的互联网用户达到 89.1%。目前中国搜索引擎市场中国内 ISP，比如百度，已经超过以 Google 为首的海外 ISP，成为了主要的市场占有者。提供的搜索服务也越来越丰富，包括地图搜索、论坛搜索、博客搜索等越来越多的细分服务。有数据表明，2005 年，中国搜索引擎 ISP 的收入中，雅虎系收入达到 2.8 亿元，排在第一，百度达到 2.7 亿元，排在第二，Google 收入达到 1.5 亿元，收入排名第三。

（1）经营模式

目前国内外的搜索引擎 ISP 缺乏赢利模式成为未来发展的主要困惑，越来越多的搜索引擎 ISP 从其他方向去寻找出路，依靠提供网络广告服务、电子商务等方式获利。

（2）典型案例——百度公司

百度公司是中国搜索引擎业务提供商里的领头羊，在推动自身运营发展的过程中，网络广告业务是主要的收入来源。百度推出了一系列旨在提升用户粘稠度，扩展主业服务范围的举措，包括将百度搜索工具条同 HP 商用电脑捆绑，拓展搜索业务到 Web2.0 上，提供博客搜索等。2006 年第三季度财务报表中，百度的总收入达到 3030 万美元，运营利润达 960 万美元，运营利润率 32%。广告收入规模历史最高，达到 3010 万美元，环比增长 18% ~ 28%。

2. 即时通信 ICP

即时通信 ISP 主要提供基于互联网和基于移动互联网的即时通信业务。因为即时通信的 ISP 自己掌握用户资源，因此在即时通信的业务价值链中，即时通信 ISP 能起到主导的作用。这在同运营商合作的商业模式中十分少见。

（1）经营模式

目前参与提供移动即时通信服务的ISP越来越多。即时通信业务由两种，移动即时通信和互联网即时通信，两者的运营模式存在较大的差异。互联网即时通信业务出现比较早，因其沿袭了互联网的免费模式造成了蓬勃发展，随着该业务在互联网用户中的渗透率和用户忠诚度的提高，即时通信服务商开始收费。可是，互联网即时通信ISP的主要收入来源来自于即时通信客户端的广告收入。与此不同，移动即时通信业务出现相对较晚，一般采用SMS和WAP等业务接入方式，部分运营商采用内置即时通信客户端方式来提供服务。目前大多移动即时通信服务是付费业务，移动即时通信ISP对移动运营商的依赖性更强，很多移动运营商自身就是移动即时通信业务的ISP。移动即时通信业务采用包月计费（如短信方式）或者按使用计费（如WAP方式）两种方式。

（2）典型案例——中国联通和腾讯公司合作开展移动即时通信业务

出于提高用户ARPU，增加用户黏性的目的，中国联通开展了移动IM业务。中国联通的策略是和国内外最著名的即时通信ISP合作，优势互补，做大市场。腾讯公司正是在中国开展即时通信业务最早、市场占有率最高的本土即时通信ISP。从2003年开始，中国联通和腾讯合作，在中国联通提供的CDMA网络中，提供了基于BREW平台的“腾讯QQ”即时通信服务。

3. 移动互联网业务ICP

移动互联网业务ISP主要提供移动互联网服务，其中包括：

WAP 上网服务、移动即时通信服务、信息下载服务等。

（1）经营模式

提供移动互联网业务的 ISP，主要采用了同移动电信运营商合作的业务开展模式。以收益分成和利益共享的形式，共同提供互联网业务。如新浪、TOM 和空中网，这些 ISP 同中国移动合作，将自己丰富的内容进行加工，实现中国移动的要求，并且获得业务收益。这种模式下，ISP 受运营商政策变化的影响比较大。

（2）典型案例——空中网公司

空中网作为无线增值服务提供商和无线互联网门户运营商，2006 年的第三季度总收入 2501 万美元，同比增长 24%。空中网来自无线互联网门户的总广告收入为 5.9 万美元，比上一季度的 2.2 万美元增长了 168%。随着无线互联网门户业务的稳步发展，空中网来自无线互联网门户的广告收入已经呈现增长的趋势。可是受到中国移动针对移动增值服务新政策的影响，空中网各项服务收入变化比较大。

4. 门户 ICP 新闻信息服务

（1）经营模式

门户 ISP 以向公众提供各种信息为主业，具有稳定的用户群。门户 ISP 的收入来源比较广，包括在线广告、移动业务、网络游戏及其他业务。比如，新浪、搜狐、网易和雅虎等门户网站（包括行业门户）。

（2）典型案例——新浪

新浪公司经营 5 大类业务：① 新浪网提供网络新闻及内容服务；② 新浪无线提供移动增值服务；③ 新浪热线提供社区及游戏服务；④ 新浪企业服务提供搜索及企业服务；⑤ 新浪电子商务提供网上购物服务。2005 年净营业收入 1.936 亿美元，广告营业收入 8500 万美元，较上年度增长 30%，非广告营业收入 1.086 亿美元，较上年度下降 19%。2005 年全年移动增值业务营业收入总计 9810 万美元，占非广告营业收入的 90%。

中国 ICP 的重点业务有中国特色

进入窄带互联网发展阶段后期以及宽带互联网发展阶段之后，中国的

ISP 在业务提供能力方面基本同世界先进国家的 ISP 持平。目前国际主流的互联网业务在中国 ISP 都可以提供。同时，中国本土的 ISP 主营的互联网应用还具有中国特色，经营移动增值业务和网络游戏的 ISP 在业务收入方面十分突出。在很多国家发展良好的业务未必可以在中国有相同的业务预期，而类似于网络游戏业务、即时通信等的业务却成为在中国发展非常顺利的互联网业务。

提供网络游戏业务的 ISP，比如，盛大公司，在 2004 年的业务收入达到了 13.7 亿，比上年同期增长了 129%。2005 年，业务收入仍然保持了高达 38% 的增长，达到了 18.8 亿元人民币。包括新浪等强劲对手在内的多家 ISP 也加入了网络游戏产业的竞争。提供即时通信业务的 ISP，如腾讯公司一直保持着该项互联网业务的主导企业地位。2005 年，腾讯公司的业务收入达到了 14.3 亿元。

以内容为王成为 ICP 发展的重要规则。

随都会带宽的不断增加，网络能力不再是限制互联网业务发展的瓶颈，相反，内容成为了 ISP 发展的重要因素。ISP 以及用户对高质量内容的需求不断地提高。

目前中国使用最多的互联网业务依次是电子邮件、新闻、搜索引擎、网页浏览、在线音乐、即时消息、BBS、在线影视等，这前八项中的 50% 以上是以内容互联网业务服务为主的。

中国 ICP 在某些应用领域超过国际 ICP 公司占据中国互联网应用市场。

未来发展

在对2020年互联网的展望中，计算机学家们已经在开始着手重新研究，重新考虑每一件事：从IP地址到DNS，再到路由表单和互联网安全的所有事情。他们正在思考着，在没有目前ISP和企业网络所具有的一些最基础特征的情况下，未来互联网将会如何工作。他们的目标相当具有创新精神，那就是创建一个没有那么多安全漏洞，具有更高的信任度，内建身体管理的互联网。随着美国联邦政府开始大力资助一小部分能够研究的项目，以让这些构想可以走出实验室，可以进行测试，这种高风险、大规模的互联网研究在2010年将会进入高速发展时期。

美国国家科学基金会（NSF）网络技术与系统（NeTS）项目总监Darleen Fisher称："我们试图推动这一研究已经20年了。我的任务就是让人创新出一种高风险，可是同时具有高回报的互联网架构。他们需要考虑他们的设想如何被实践，如果被付诸实践，他们的设想又将如何影响人们的观念和经济。"

目前互联网的风险很高，一些专家担心随着网络攻击的规模和严重性不断地增加，对多媒体内容的需求与日俱增，以及对新移动应用的需求的出现，互联网将会崩溃。除非研发出新的网络架构。

目前对于互联网的研究正处于关键的时刻，可是因为全球经济正处于衰退期，这对研究不可避免的产生了冲击。随着越来越多的重要基础设施，

比如，银行系统、智能电网和上至政府下至市民的通信等都纷纷转向了互联网，现在大家已经取得了一个共识，那就是现在的互联网需要彻底的检修。

所有研究的中心就是要让互联网更安全。

对于这些参与投标的项目，其重点是如何解决互联网的安全问题。NSF 表示，他们并不希望今天互联网设计中存在的安全失误在未来互联网架构中继续存在，而是可以在设计之初就将这些失误解决掉。

最新的 NSF 资助计划是 NSF 未来互联网设计（FIND）项目的一个后续行动，其要求研究人员从零开始设计新互联网架构。NSF 的 FIND 项目在 2006 年启动，该项目已经资助了大约 50 个研究项目。每一个研究项目在三至四年的时间里都会收到 50 万至 100 万美元不等的资助。目前，NSF 已经将这 50 个研究项目的数量缩减到了只有几个领先项目在进行。

连接方式

1. PSTN 拨号：一般称拨号上网
2. 综合业务数字网 ISDN
3. ADSL
4. DDN 专线

5. 光纤接入

6. 无线接入

7. 有线电视网 HFC

8. 公共电力网 PLC

增值服务

通过互联网的除域名注册及虚拟主机等基本服务以外的服务。

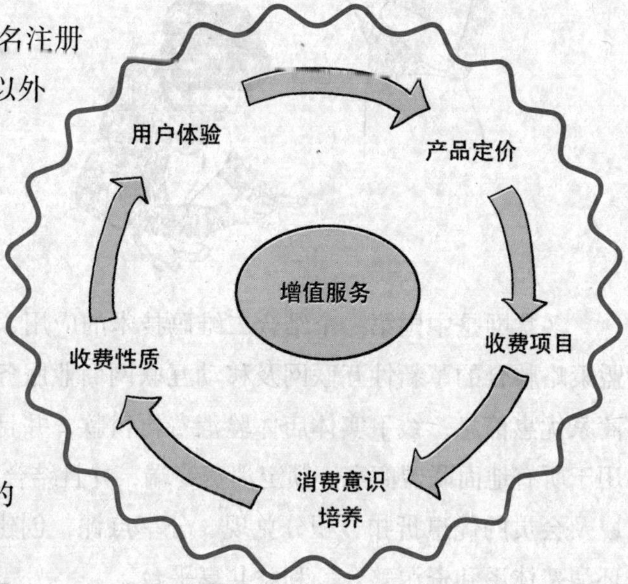

比如，游戏、语音聊天、可视电话、短信、股票、投资信息、培训等都是互联网的增值服务。通俗一点来说，就是你必须额外付一笔费用才能享受的互联网业务。

互联网个人增值服务

互联网增值服务主要以网络社区为基础平台，通过用户之间的沟通和互动，激发用户自我表现和娱乐的需求，从而给个人用户提供各类通过付费才可以获得的个性化增值服务和虚拟物品消费服务，主要服务包括会员特权、网络虚拟形象、道具、个人空间装饰、个人交友服务等。

互联网营销

移动互联网，就是将移动通信和互联网二者结合起来，成为一体。移动互联网发展的速度快得惊人，我们很容易发现，很多人在排队的时候，手不离手机；坐车，都在低头按手机；等电梯，低头看手机；等人，低头玩手机；几乎每个人都离不开手机，我们可以想象得到，这个移动互联网的威力有多大了。

多拿网是中国第一个结合二维码技术的应用、O2O 商务模式、异业联盟策略整合的革新性互联网及移动互联网商业服务平台。以会员线上获取商家优惠信息，线下实体店体验消费再付款，并且依托二维码识别技术应用于所有地面联盟商家，锁定消费终端，并且结合线上对商家的精准营销，以及会员的优惠折扣、积分兑现、分享点评，创建一个庞大的异业联盟循环消费体系和资源整合、利益共享平台。

移动互联网将会成为主流，你看那些满大街都是拿着手机在按，只要有了一点空隙，人人都是在玩手机。而多拿网，却将 O2O 线下体验的优势和移动互联网的便捷性很巧妙地相结合，成功地实现了 O2O 另一个独特的特色：线上浏览商家产品或者服务，线下利用最新型的二维码 QR 码，到多拿网合作的商家中就可以享受特有的 VIP 优惠或者团购的低价优惠。

很显然，这是一种新的尝试，是在网络上还从来没有出现过的方式，先支付后享受的这种模式曾经冲击了传统的消费模式，可是它依然创造了像阿里巴巴这样的神话；未来，网络将会慢慢地回归到原来的先享受再支付的模式，而同时这种方式有了一个创新，依然承接网购的优惠和便利；多拿网，是第一个尝试螃蟹的平台，而大家在随后都可以尝试到螃蟹的鲜美和营养所在。

互联网营销的特点

1. 时域性
2. 富媒体
3. 交互式
4. 个性化
5. 成长性
6. 整合性
7. 超前性
8. 高效性
9. 经济性
10. 技术性

十大消极影响

虚假信息、网络欺诈、病毒与恶意软件、色情与暴力、网瘾、数据丢失、网络爆红、阴谋论、过于公开、过于商业化。

互联网从何而来

Internet可是全世界最大的计算机网络，它起源于美国国防部高级研究计划局（ARPA）在1968年主持研制的用于支持军事研究的计算机实验网ARPANET。ARPANET建网的初衷是为了帮助那些为美国军方工作的研究人员通过计算机交换信息，它的设计与实现基于这样一种主导思想：网络要是能够经得住故障的考验而维持正常的工作，当网络的一部分因受攻击而失去作用的时候，网络的其他部分仍然可以正常的通信。

1985年，当时美国国家科学基金（NSF）为了鼓励大学与研究机构，共享他们非常昂贵的四台计算机主机，希望通过计算机网络把各大学与研究机构的计算机与这些巨型计算机连接起来。开始他们想用现成的ARPANET，不过他们发觉与美国军方打交道不是一件容易的事情，于是他们决定利用ARPANET发展出来的叫作TCP/IP的通信协议自己出资建立名叫NFSNET的广域网。因为美国国家科学资金的鼓励和资助，很多大学、政府资助的研究机构、甚至私营的

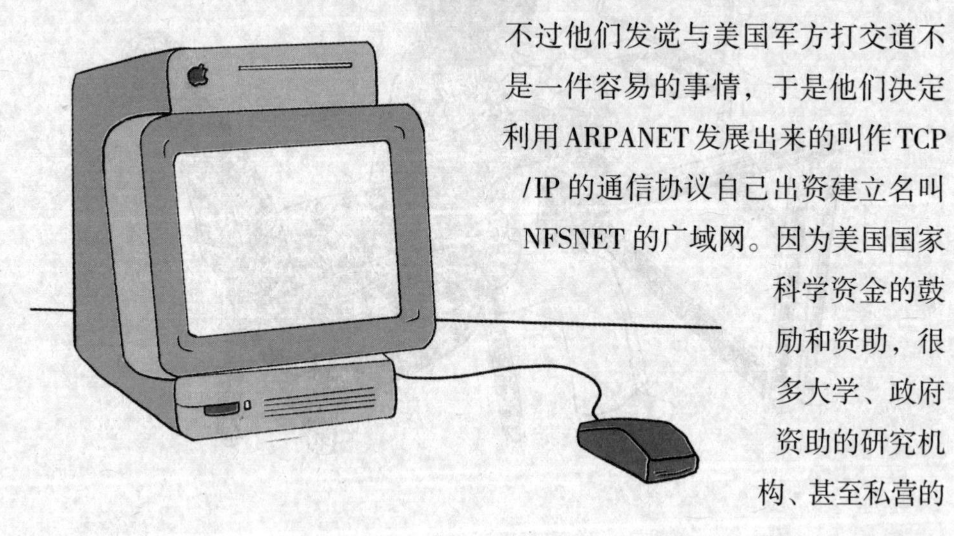

研究机构纷纷把自己局域网并入 NSFNET。这样使得 NSFNET 在 1986 年建成后取代 ARPANET 成为 Internet 的主干网。

在 90 年代初期，随着 WWW 的发展，Internet 逐渐走向民用。因为 WWW 良好的界面大大地简化了 Internet 操作的难度，使得用户的数量急剧增加，很多政府机构、商业公司意识到 Internet 具有巨大的潜力，于是纷纷大量加入 Internet。这样 Internet 上的点数量大大地增长，网络上的信息五花八门、十分地丰富，现如今 Internet 已经深入到人们生活的各个部分。通过 WWW 浏览、电子邮件等方式，人们可以及时的获得自己所需要的信息，Internet 大大地方便了信息的传播，给人们带来一个全新的通讯方式，可以说 Internet 是继电报、电话发明以来人类通讯方式的又一次革命。

Internet 的产生与发展

Internet 可是全球最大的、开放的、由众多网络和计算机通这电话线、电缆、光纤、卫星及其他远程通信系统互联而成的超大型计算机网络。它被称为国际互联网，中文译名是“因特网”。Internet 的产生，将全世界的计算机连在一起，实现了全球各地的人能够通过网络进行通信，空间的距离不能成为人们交流的障碍。

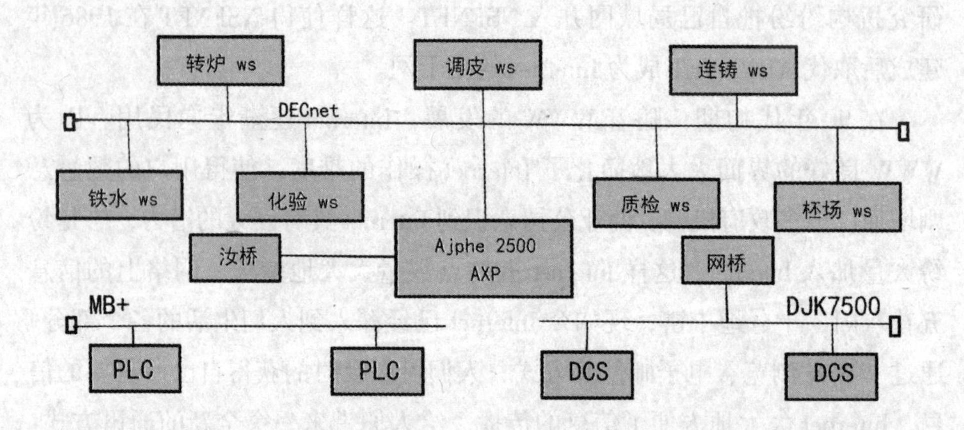

Internet最早的时候是作为军事通信工具而开发的。20世纪50年代末，苏联发射了第一颗人造卫星。美国为了在高科技、军事领域领先于苏联，当时，美国国防部认为：如果只有一个集中的军事指挥中枢，万一这个中枢被苏联的核武器摧毁，那么全国的军事指挥都将会处于瘫痪状态，那么其后果当然不堪设想。所以，有必要设计这样一个分散的指挥系统：它由一个个分散的指挥点组成，当部分指挥点被摧毁后，其他点依然能正常地工作，而这些分散的点又能通过某种形式的通讯网取得联系。为了对这一构思进行验证，从60年代末至70年代初，由美国国防部资助，一个名为高级研究计划署的机构承建，通过一个名为ARPANET的网络把美国的几个军事及研究用计算机主机连接起来，这就是Internet最早的状态。

在Internet刚面世的时候，没有人可以想到它会进入千家万户，更没有想到它会应用在商业方面。因为参加试验的人全是熟练的计算机操作人员，个个都熟悉复杂的计算机命令，因此，没有人在Internet的界面以及操作方面上面存在其他的心思。

Internet的第一次快速发展出现在80年代中期。当时美国国家科学基金为了鼓励大学生与研究机构共享他们非常昂贵的四台计算机主机，希望通过计算机网络把各大学、研究所的计算机与这四台巨型计算机给连接起来。开始的时候，他们想要引用现成的ARPANET，不过他们最后发觉，与美国军方打交道也是一件容易的事情。于是他们就决定：利用ARPANET

发展出来的叫作 TCP/IP 的通信协议，自己出资建立名叫 NSFnet 的广域网。因为美国国家科学基金的鼓励和资助，很多的大学，政府资助的研究机构甚至是私营的研究机构纷纷把自己的局域网并入 NSFnet 中，从 1986 年至 1991 年，并入 Internet 的计算机子网从 100 个增加到了 3000 多个，几乎每年都在以百分之百的速度增长。

到了 90 年代初期，Internet 事实上已经成为一个“网中网”：各个子网分别负责自己的架设和运作费用，而这些子网又通过 NSFnet 互联起来。NSFnet 是由政府出钱，直到 90 年代初，Internet 最大的老板还是美国政府，不过其中加入了一些私人的小老板。

Internet 在 80 年代的扩张不光带来了量的改变，同时也带来了质的某些改变。因为多种学术团体、企业、研究机构，甚至个人用户的进入，Internet 的使用者不再限于“纯种”的计算机专业人员。新的使用者发觉：加入 Internet 除了可以共享 NSF 的巨型计算机之外，还能进行相互间的通讯，而这种相互间的通讯对他们来说更加具有吸引力。于是，他们慢慢把 Internet 当作一种交流与通信的工具，而不仅仅只是共享 NSF 巨型计算机的运算能力。

Internet 历史上的第二次飞跃归功于 Internet 的商业化。在 20 世纪 90 年代以前，Internetr 的使用一直只限于研究与学术领域。商业性机构进入

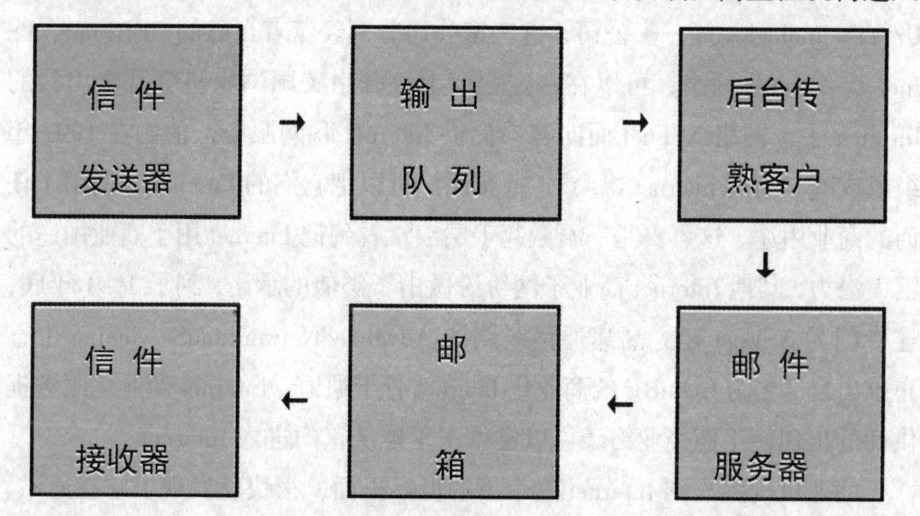

Internet 一直受到这样或者那样的法规或者传统问题的困扰。事实上，像美国国家科学基金等曾经出钱建造 Internet 的政府机构对 Internet 上的商业活动是不感兴趣的。他们制订了一系列“使用指引”，限制人们把他们用纳税人的钱建造起来的网络用于商业。比如，美国国家科学基金发出的 Internet 使用指引指出：“NSFnet 主干线仅限于如下使用：美国国内的科研及教育机构把它用于公开的科研及教育目的，以及美国企业的研究部门把它用于公开的学术交流。任何其他使用均不允许。”

这种使用指引为商业企业使用 Internet 设立了法律上的难题。美国人是守法的，美国的企业很少有人敢“以身试法”。那么，把 Internet 用于商业用途的这一法律死结是如何解开的呢?

首先“发难”的是 GeneralAtomics、PerformanceSystemsInternational、UUnetTechnologies 等三家公司，这三家公司分别经营着自己的 CERFnet、PSInet 及 Alternet 网络，可以在一定程度上绕开由美国国家科学基金出钱的 Internet 主干网络 NSFnet 而向客户提供 Internet 联网服务，他们在 1991 年组成成的“商用 Internet 协会”，宣布用户可以把它们的 Internet 子网用于任何的商业用途。这可真是一石激起千层浪，看到把 Internet 用于商业用途的巨大潜力，其他 Internet 商业子网纷纷做出了类似的承诺，到了 1991 年底，连专门为 NSFnet 建立高速通信线路的 AdvancedNetworkandServiceInc 也宣布推出自己名为 CO+RE 的商业化 Internet 骨干通道，Internet 商业化服务提供商的出现使工商企业终于可以堂堂正正地从正门进入 Internet。

商业机构踏入到 Internet 这个新的世界里面，很快就发现了它在通讯、资料检索、客户服务等方面的巨大潜力。于是，它迅速发展了起来。世界各地无数的企业及个人纷纷涌入了 Internet，带来了 Internet 发展史上一个新的飞跃。到 1994 年底止，Internet 已经通往全世界 150 个国家和地区，连接着 3 万个子网，320 多万台计算机主机，直接的用户超过了 3500 万，成为世界最大的计算机网络。

于是，1995 年 4 月 30 日，NSFnet 正式宣布停止运作，代替它的是由美国政府指定的三家私营企业：PacificBell、AmeritechAdvancedDataServices andBellcore 以及 Sprint。至此，Internet 的商业化算是彻底完成。

Internet 的历史沿革造就了当前 Internet 由几万个子网通过自愿原则互联起来，没有一家公司叫 Internet 公司，也没有任何机构完全拥有 Internet，从某种意义上讲，这几万个子网的所有者都是 Internet 的老板。

中国的 Internet 发展则可以分为两个阶段。第一个阶段是 1987 年 ~ 1993 年。1987 年 9 月 20 日，北京计算机应用技术研究所通过与德国某个大学的合作，向世界发出了中国的第一封电子邮件，从 1990 年开始，科技人员开始通过欧洲节点在互联网上向国外发送电子邮件。1990 年 4 月，世界

银行贷款项目——教育和科研示范网（NCFC）工程启动。该项目由中国科学院、清华大学、北京大学共同承担。1993年3月，中国科学院高能物理研究所与美国斯坦福大学联网，实现了电子邮件的传输。随后，几所高等院校也与美国互联网连通。

第二阶段，从1994年至今，实现了与Internet的TCP/IP的连接，逐步开通了Internet的全功能服务。1994年4月，NCFC实现了与互联网的直接连接。同年5月顶级域名（CN）服务器在中国科学院计算机网络中心设置。根据国务院的规定，有权直接与国际Internet连接的网络和单位是：中国科学院管理的科学技术网、国家教育部管理的教育科研网、邮电总局管理的公用网和信息产业部管理的金桥信息网。这四大网络构成了中国的Internet主干网。

（1）科学技术网（CSTNET）

科学技术网由中国科学院主持，1994年4月正式开通了与Internet的专线连接。1994年5月21日完成了中国最高域名CN主服务器的设置，实现了与Internet的TCP/IP连接。其目标是将中国科学院在全国各地的分院（所）的局域网联网，同时连接中国科学院以外的中国科技单位。它是一个为科研、教育和政府部门服务的网络，主要提供科技数据库、成果信息服务、超级计算机服务、域名管理服务等。

（2）教育科研网（CERNET）

原国家教委（现教育部）主持建设的中国教育科研计算机网络于1995年底连入互联网。其目标是将大部分高校和有条件的中、小学校连接起来。该网络的结构是各学校建立校园网，校园网联入地区网，地区网连入主干网，从而实现与互联网的连接。它是一个面向教育、科研和国际学术交流的网络。

（3）公用计算机互联网（CHINANET）

邮电部于1994年投资建设的中国公用Internet网，1995年初与国际Internet连通，1995年5月正式对社会服务。CHINANET的网络结构是以北京为中心，形成全国30个省市节点组成的主干网，分别以这30个城市为核心连接各省的主要城市，形成地区网，个人和单位可连入地区网。全国各电信局、邮电局都可以办理入网手续。

（4）金桥信息网（GBNET）

金桥网是国家公用经济信息网，在1996年9月正式开通并且向社会服务。

根据中国互联网信息中心调查，截至2001年6月30日，中国上网计算机数1002万台，上网用户数2650万，WWW站点数大约242739个。中国国际线路的总容量为3257M。连接的国家有美国、加拿大、澳大利亚、英国、德国、法国、日本、韩国等。分布的情况如下：

中国科技网（CSTNET）：55M；l中国公用计算机互联网（CHINANET）：2387M，其中：北京863M、上海867M、广州657M；

中国教育和科研计算机网（CERNET）：117M；

中国金桥信息网（CHINAGBN）：151M，其中：北京51M、上海49M、广州51M；

中国联通互联网（UNINET）：100M，其中：上海47M、广州53M；

中国网通公用互联网（CNCNET）：355M，其中：上海200M、广州155M；

中国国际经济贸易互联网（CIETNET）：2M；

中国移动互联网（CMNET）：90M，其中：北京45M、广州45M。

总而言之，中国的Internet发展速度真是令人瞩目，这为电子商务在中国的开展奠定了基础。

微博时代，你开通了吗

微博，也就是微博客的简称，是一个基于用户关系的信息分享、传播以及获取平台，用户可以通过 WEB、WAP 以及各种客户端组建个人社区，以 140 字左右的文字更新信息，并且实现即时分享。最早也是最著名的微博是美国的 twitter，有相关的公开数据表示，截至 2010 年 1 月份，该产品在全球已经拥有 7500 万注册用户。2009 年 8 月份中国最大的门户网站新浪网推出“新浪微博”内测版，成为门户网站中第一家提供微博服务的网站，微博正式进入中文上网主流人群视野。

微博定义

国内知名的新媒体领域研究学者陈永东在国内率先给出了微博的定义：微博是一种通过关注机制分享简短实时信息的广播式的社交网络平台。其中有五方面的理解：

1. 关注机制：可单向可双向两种；
2. 简短内容：通常为 140 字；

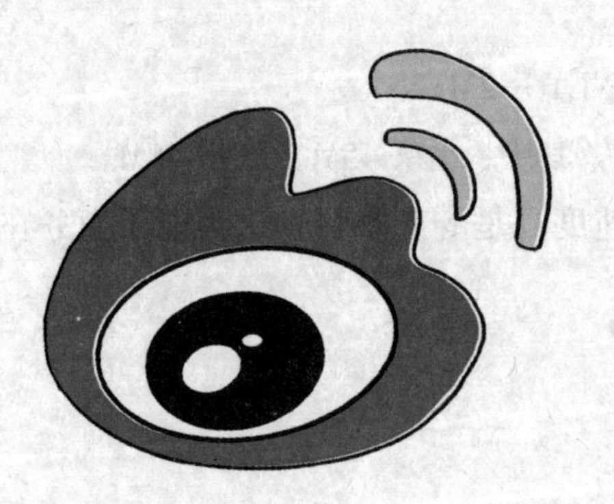

新浪微博

weibo.com

3. 实时信息：最新实时信息

4. 广播式：公开的信息，谁都可以浏览

5. 社交网络平台：把微博归为社交网络

通俗的解释

微博提供的是这样一个平台，你既可以作为观众，在微博上浏览你所感兴趣的信息；也可以作为发布者，在微博上发布内容供别人去浏览。发布的内容一般比较短，如140字的限制，微博也是由此而得名。当然了也可以发布图片，分享视频等。微博最大的特点就是：发布信息快速，信息传播的速度快。比如，你有200万的听众，那么你所发布的信息会在瞬间传播给200万人。

微博含义

这里面有两方面的含义：

首先，相对于强调版面布置的博客来说，微博的内容组成只是由简单的只言片语组成，从这个角度来说，对用户的技术要求门槛很低，而且在语言的编排组织上面，没有博客那么高。

第二，微博开通的多种API使得大量的用户可以通过手机、网络等方式来即时更新自己的个人信息。

微博的发展历程

国外的微博发展史

2006年3月，博客技术先驱blogger创始人埃文·威廉姆斯创建的新兴公司Obvious推出了大微博服务。在最初的阶段，这项服务只是用于向好友的手机发送文本信息。Twitter的英文原意是小鸟的叽叽喳喳

声，用户可以用如发手机短信的数百种工具更新信息。Twitter 的出现把世人的眼光引入了一个叫微博的小小世界里。Twitter 是一个社交网络及微博客服务。用户可以经由 SMS、即时通信、电邮、Twitter 网站或者 Twitter 客户端软件（比如 Twitterrific）输入最多 140 字的文字更新，Twitter 被 Alexa 网页流量统计评定为最受欢迎的 50 个网络应用之一。

在 2007 年 5 月，国际计算总共有 111 个类似 Twitter 的网站。然而，最值得注意的仍然是 Twitter，它于 2007 年在得克萨斯州奥斯汀举办的南非西南会议赢得了部落格类的网站奖。Twitter 的主要竞争对手是 Plurk 和 Jaiku。后来微博客的新服务特色持续诞生，比如 Plurk 有时间轴可以观看整合了视讯和照片的分享，Identi、Pownce 整合了微薄客加上档案分享和事件邀请，由 Digg 的创始人 KevinRose 和另外三位开发者共同发展。Twitter 国外 Twitter 的“大红大紫”，让国内的不少人终于坐不住了。2005 年从校内网起家的王兴，在 2006 年把企业卖给千橡互动之后，于 2007 年 5 月创建了饭否网。而腾讯作为一个拥有 4.1 亿 QQ 用户的企业，看着用户对随时随地发布自己状态的强烈需求之后，也忍不住尝试了一把，2007 年 8 月 13 日腾讯滔滔上线。

可是事实证明，Twitter 建立的“微型王国”不是在短时间内掘出黄金的浅矿，国内微博企业目前还处于慢热的状态。据说，做啥、饭否网等目前仅拥有几十万用户，每月处理几千万条信息。国内微博不约而同地将现在的目光放在了产品调整以及服务完善上面，在还没有办法吸引到风险投资的眼光之前，他们最需要做的可能就是如何靠自己的能力继续活下去。

中国的微博发展史

从 2007 年中国第一家带有微博色彩的饭否网开张，到 2009 年，微博这个全新的名词，以摧枯拉朽的姿态扫荡了世界，打败了奥巴马、甲流等等名词，成为了全世界最为流行的词汇。伴随而来的是，是一场微博世界人气的争夺战，大批量的名人被各大网站招揽，各路名人也以微博为平台，在网络世界里面聚集人气，同样，新的传播工具也造就了无数的草根英雄，从默默无闻到新的话语传播者，有可能只是在一夜之间、寥寥数语。2009 年 7 月中旬开始，国内大批老牌微博产品（饭否、腾讯滔滔等）停止运营，一些新产品开始进入人们的视野，像开放的叽歪，6 月份开放的 Follow5，7 月份开放的 9911，8 月份开放的新浪微博，其中 Follow5 在 2009 年 7 月 19 日孙楠大连演唱会上的亮相，是国内第一次将微博引入大型演艺活动，与 twitter 当年的发展颇有几分神似。

2010 年国内微博迎来了春天，微博像雨后春笋般崛起。四大门户网站都开设了微博。根据相关公开数据，截至 2010 年 1 月份，该产品在全球已经拥有 7500 万注册用户。

中国互联网络信息中心（CNNIC）今日发布《第28次中国互联网络发展状况统计报告》，报告显示，2011年上半年，中国微博用户从6331万增至1.95亿，增长了大约2倍。该《报告》指出，中国互联网的普及率增至36.2%，较2010年增加1.9%。

2011年上半年，中国微博用户数量从6331万增至1.95亿，半年增幅高达208.9%。微博在网民中的普及率从13.8%增至40.2%。从2010年底至今，手机微博在网民中的使用率比例从15.5%上升到34%。

微博

至今，新浪微博用户数超过了1亿，得益于抢占了先机，而且在整体的战略执行上也比较彻底到位，所以获得了现在的地位。只有年的时间，新浪微博就为新浪生下了一个价值几十亿美金的“金蛋”。

而另一个微博巨头：腾讯微博，也呈现出发展迅猛的姿态，腾讯拥有近5亿的QQ注册用户，2亿左右的活跃用户。这部分人群很容易受潮流趋势的影响，开通腾讯微博。通过腾讯微博可以与QQ好友和腾讯微博上的其他用户进行信息的分享。

另外其作为重要的推广渠道。企业用户通过注册腾讯官方微博，得到认证后，可以迅速地扩大企业的知名度。个人用户通过腾讯微博，也能在微博平台进行个人的推广。目前，很多的社会事件揭露都来自于微博平台。

高校教育平台也随之建立，比如，腾讯微博校园上的高校新闻哥微博体系的发展，推动了中国教育事业信息化发展的步伐。

2012年1月，根据中

国互联网络信息中心（CNNIC）的报告显示，截至 2011 年 12 月底，中国微博用户数达到了 2.5 亿，较上一年底增长了 296.0%，网民使用率为 48.7%。微博用一年的时间发展成为近一半中国网民使用的重要互联网应用。

有人说，2010 年是中国的微博元年，那么 2011 年就是中国的微博壮年。

中外微博的文化差异

中国的微博抓住的文化特征是关系社会这一本质属性，中国人社会认同的结构建立在一套强有力的关系体系之中，其文化内核是群体化的、联系化的，所谓“四海之内皆兄弟”。一个人社会地位的高低取决于社会关系的强弱。随着社交媒体在中国社会的伸展，传统的人际结构面临着新型技术的冲击，不断推进着在网络层面的身份以及权力重构。关系作为一种资本，是实现权力重构的核心，所以，微博的发展过程，也是新权力者关系资本积累的过程。

外国的微博 Twitter，这个产品的初衷就好像单词 Twitter 的本义——鸟儿叽叽喳喳的叫声。它抓住了美国人唠叨的个性、渴望表达和信息分享的特征，就好像一个窗口，一个充斥了个人琐碎的思索、片段化的情感的窗口。它的碎片化信息不断地在回答着“What are you doing？”以及“What’s happening？”的问题。

特点

微博客草根性更强，而且广泛分布在桌面、浏览器、移动终端等多个平台上面，有多种商业模式并存，或形成多个垂直细分领域的可能，可是不论哪一种商业模式，都离不开用户体验的特性和基本功能。

1. 信息获取具有十分强的自主性、选择性，用户可以根据自己的兴趣偏好，根据对方发布内容的类别与质量，来选择是否“关注”某用户，并且也可以对“关注”的用户群进行分类。

2. 微博宣传的影响力具有很大的弹性，与内容质量的高度相关。其影

响力基于用户现有的被“关注”的数量。用户发布信息的吸引力、新闻性越强，对该用户感兴趣、关注该用户的人数也就越多，影响力越大。此外，微博平台本身的认证及推荐也有助于增加被“关注”的数量；

3. 内容短小且精悍。微博的内容限定在 140 字左右，内容简短，不需要长篇大论，门槛比较低；

4. 信息共享便捷迅速。能通过各种连接网络的平台，在任何的时间、任何地点即时发布信息，其信息发布的速度超过传统纸媒及网络媒体。

便捷性

在微博客上，140 字的限制将平民和莎士比亚拉到了同一水平线上，这一点导致各种微博网站大量原创内容爆发性地被生产出来。李松博士认为，微型博客的出现具有划时代的意义，真正标志着个人互联网时代的到来。博客的出现，已经将互联网上的社会化媒体推进了一大步，公众人物纷纷开始建立自己的网上形象。然而，博客上的形象仍然是化妆后的表演，博文的创作需要考虑完整的逻辑，这样大的工作量对于博客作者成为很重的负担。“沉默的大多数”在微博客上面找到了展示自己的舞台。

背对脸

与博客上面对面的表演不同，微型博客实际是背对脸的交流，就好比你在电脑前打游戏，路过的人从你背后看着你怎么玩，而你并不需要主动和背后的人交流。可以一点对多点，也可以点对点。当你 follow 一个自己感兴趣的人时，两三天就会上瘾。移动终端提供的便利性和多媒体化，使得微型博客用户体验的黏性越来越强。

原创性

微博网站现在的即时通讯功能十分强大，通过 QQ 和 MSN 直接书写，在没有网络的地方，只要有手机也可以即时更新自己的内容，哪怕你在事发现场。

像那些大的突发事件或者引起全球关注的大事，如果有了微博客在场，那么就会利用各种手段在微博客上发表出来，其实时性、现场感以及快捷性，甚至超过了所有的媒体。

新闻发生

新闻发布会是发布信息的地方，而新闻发生地，是指新浪微博本身的变动就是值得报道的新闻。

这充分地证明了麦克卢汉的观点——“媒介即信息”。2009 年 11 月 21 日，针对昆明市螺蛳湾批发市场的群体性事件，在云南省宣传部副部长伍皓的主导下，云南省政府新闻办在新浪微博开设了国内第一家政府微博客“微博云南”，并在第一时间对“螺蛳湾”事件做出了简要的说明。现在已经有大约 165 万人关注了微博云南。“微博云南”开设后，引起社会的高度关注。2009 年 11 月 23 日《人民日报》载文，将“微博云南”称为

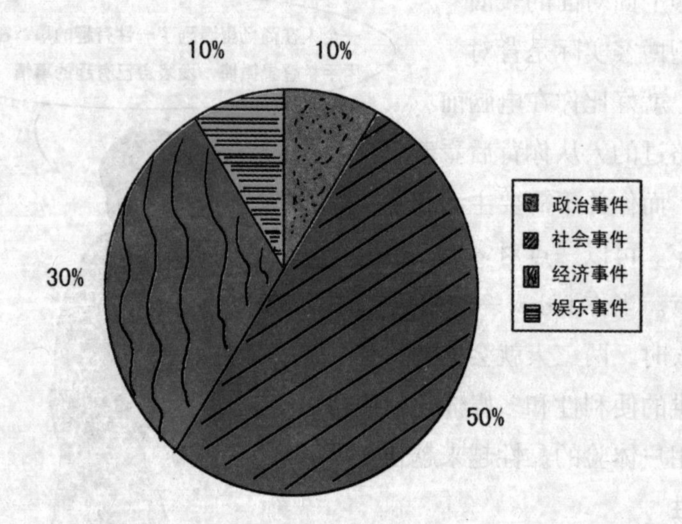

国内第一家政府微博，并且评论说，“现场直播”不一定只在电视上才有，突发事件现场的每个人都可以是“记者”，应对突发事件要“边做边说”，才有主动。

微博最新报道

从个人的生活琐事至体育运动盛事，再到全球性的灾难事件，微博已经成为全世界的网民们表达意愿、分享心情的重要渠道。网站日前评选出2011年度Twitter微博上的十大热门事件，在一定程度上反映出这一年全球民众的关注焦点。这一排名的根据是事件发生当天，每秒钟网友发布的相关微博的数量。

十大热门事件排名：

1. 碧昂丝在2011MTV音乐录影带颁奖典礼上宣布怀孕。

2. 女足世界杯。

3. 2011年美洲杯，巴西惨败。

4. 2011年1月1日，日本人庆新年。

5. 2011年黑人娱乐大奖颁奖礼（BETAwards）。

6. 欧洲冠军联赛决赛（UEFAChampionsLeagueFinal）。

7. 2011 年 3 月 11 日，日本地震海啸。

8. 2011 年 NBA 总决赛最后一场比赛。

9. 2011 年 8 月 23 日，美国东部地区发生百年来最强的地震。

10. 本·拉登被击毙。

排名第一的事件是在 2011 年 8 月 28 日的 2011MTV 音乐录影带大奖颁奖典礼上，碧昂丝宣布怀孕，并且高调地露出微挺的小腹。根据美国全国广播公司旗下网站的统计，8 月 28 日这一天，每秒钟有 8868 条微博在谈论碧昂丝怀孕。提起 2011 年的重大事件，很多人可能都会脱口而出："基地"组织头目本·拉登被击毙。可是出人意料的是，虽然本·拉登之死确实上榜 Twitter 年度十大热门事件，可是却排在了第十位，在 5 月 1 日这一天，Twitte 用户每秒种发布了 5106 条关于本拉登之死的微博。

微博效应

微小说是因为微博而诞生的一种小说体裁，在 140 字内进行小说创作。

微博建设

国内可用于搭建微博站点的，WEB 程序：Spacebuilder、Ucenterhome、phpwind。

微博发展管理规定

2011年12月北京市推出《北京市微博客发展管理若干规定》,《规定》提出:后台实名,前台自愿。也就是微博用户在注册的时候必须使用真实的身份信息,可是用户的昵称可以自愿选择。新浪、搜狐、网易等各大网站微博都将在2012年3月16日全部实行实名制,采取的都是前台自愿,后台实名的方式。在7日召开的贯彻《北京市微博客发展管理若干规定》座谈会上,北京市网管办相关负责人表示,3月16日将成为北京微博老用户真实身份信息注册的时间节点,之后未进行实名认证的微博老用户,将不能发言、转发,只能是浏览。

微博规定

第一条:为了规范微博客服务的发展管理,维护网络传播秩序,保障信息安全,保护互联网信息服务单位和微博客用户的合法权益,满足公众对互联网信息的需求,促进互联网健康有序的发展,根据《中华人民共和国电信条例》《互联网信息服务管理办法》等法律、法规、规章,结合本市的实际情况,制定本规定。

第二条:本市行政区域内的网站开展微博客服务及其微博客用户,应当遵守本规定。

第三条:本市微博客发展管理坚持积极利用、科学发展、依法管理、确保安全的原则,促进微博客的建设、运用发挥微博客服务社会的积极作用。

第四条:网站开展微博客服务,应当遵守宪法、法律、法规、规章,坚持诚信办网、文明办网,积极传播社会主义核心价值体系,传播社会主义先进文化,为构建社会主义和谐社会服务。

第五条:本市制定微博客服务发展规划,规定开展微博客服务网站的总量、结构和布局。

第六条:本市行政区域内网站开展微博客服务,应当在申请电信业务经营许可或者履行非经营性互联网信息服务备案手续前,依法向市互联网信息内容主管部门提出申请,并且经审核同意。

第七条：开展微博客服务的网站，应当遵守有关法律、法规、规章和下列规定：

（一）建立健全微博客信息安全管理制度；

（二）根据微博客用户数量和信息量，确定负责信息安全的机构，配备具有相应专业知识和技能的人员；

（三）落实技术安全防控措施；

（四）建立健全用户信息安全管理制度，保障用户信息安全，严禁泄露用户信息；

（五）建立健全虚假信息揭露制度，及时公布真实的信息；

（六）不得向未经电信业务经营许可或者未履行非经营性互联网信息服务备案的网站提供信息接口；

（七）不得制造虚假的微博客用户；

（八）对传播有害信息的用户予以制止、限制，发现构成违反治安管理行为，或者发现涉嫌犯罪的，及时向公安机关报告；

（九）协助、配合有关部门开展管理工作。

第八条：开展微博客服务的网站，应当建立健全信息内容审核制度，对微博客信息内容的制作、复制、发布、传播进行监管。

第九条：任何组织或者个人注册微博客账号，制作、复制、发布、传播信息内容的，应当使用真实身份信息，不得以虚假、冒用的居民身份信息、企业注册信息、组织机构代码信息进行注册。

网站开展微博客服务，应当保证前款规定的注册用户信息真实。

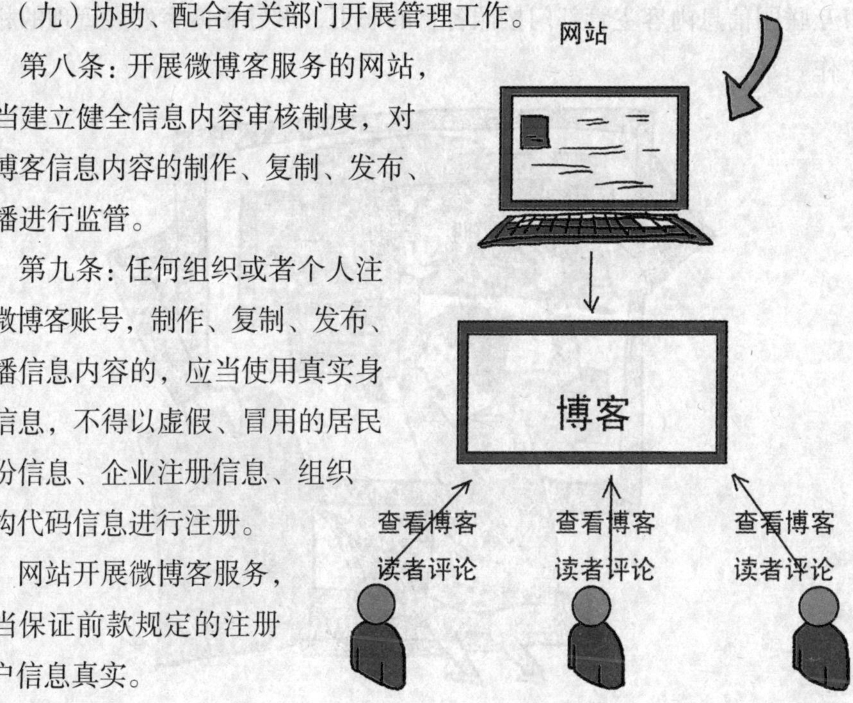

第十条：任何组织或者个人不得违法利用微博客制作、复制、发布、传播含有下列内容的信息：

（一）违反宪法确定的基本原则的；

（二）危害国家安全，泄露国家秘密，颠覆国家政权，破坏国家统一的；

（三）损害国家荣誉和利益的；

（四）煽动民族仇恨、民族歧视，破坏民族团结的；

（五）破坏国家宗教政策，宣扬邪教和封建迷信的；

（六）散布谣言，扰乱社会秩序，破坏社会稳定的；

（七）散布淫秽、色情、赌博、暴力、恐怖或者教唆犯罪的；

（八）侮辱或者诽谤他人，侵害他人合法权益的；

（九）煽动非法集会、结社、游行、示威、聚众扰乱社会秩序的；

（十）以非法民间组织名义活动的；

（十一）含有法律、行政法规禁止的其他内容的。

第十一条：市人民政府新闻管理部门、市公安机关、市通信管理部门、市互联网信息内容主管部门按照各自的职责，做好微博客发展管理的相关工作。

第十二条：网络媒体协会、网络行业协会、通信行业协会等行业组织应当建立健全微博客行业自律制度，指导网站建立健全微博客服务规范，并且对网站从业人员进行培训教育。

第十三条：对违反本规定的行为，任何组织和个人都可以向市人民政府新闻管理部门、市公安机关、市通信管理部门、市互联网信息内容主管部门举报，接到举报的部门应当及时依法处理。

第十四条：对违反本规定的网站和微博客用户，由市人民政府新闻管理部门、市公安机关、市通信管理部门、市互联网信息内容主管部门按照有关法律、法规、规章进行处理。

第十五条：本规定公布前已开展微博客服务的网站，应当自本规定公布之日起三个月内依照本规定向市互联网信息内容主管部门申办有关手续，并且对现有用户进行规范。

第十六条：本规定自公布之日起施行。

互联网企业

互联网企业是由网络为基础的经营，一般包括 IT 行业、电子商务、软件开发等。

网络的时代已经兴起，互联网可以说无处不在，轻松一点，信息就在你面前。

互联网企业分类

搜索引擎

Google：世界流量第一的网站，市值第一的互联网企业。1998 年 9 月 7 日在斯坦福大学学生宿舍创立，2004 年 8 月，Google 公司在纳斯达克上市。2010 年 3 月，Google 将搜索服务由中国内地转至香港，名称“谷歌”废弃，改回“Google 中国”。目前提供服务包括搜索、浏览器、邮箱、视频、地图、翻译等。

百度：中国流量第一网，全球最大的中文搜索引擎。2001 年 1 月，由李彦宏在北京中关村成立，2005 年 8 月登陆纳斯达克，超越新浪成为中国流量第一网站。产品方面，2002 年推出“百度 MP3”，2003 年 12 月推出“百度贴吧”，2005 年 6 月推出“百度知道”，2006 年推出“百度百科”。至今一共包括大约 60 种服务，深受国内用户喜爱。

综合门户

雅虎世界最大的互联网门户网站其服务包括搜索、电邮、新闻等，业

务遍及 24 个国家和地区，为全球超过 5 亿的独立用户提供多元化的网络服务。1994 年 4 月由杨致远和大卫费罗在斯坦福大学建立，1995 年 4 月在纳斯达克上市，市值即高达 5 亿美元。国内传统三大门户新浪、搜狐、网易。新浪 1998 年 12 月成立，2000 年 4 月上市，主要服务项目有新闻、邮箱、博客、微博等，优势是新闻、博客和微博。

搜狐 1998 年 2 月成立，2000 年 7 月上市年，主要服务项目有新闻、邮箱、搜索、博客、游戏、浏览器、输入法等，优势是搜索、游戏和输入法。

网易 1997 年 6 月成立，2000 年 6 月上市，主要服务项目有新闻、邮箱、搜索、游戏等，优势是邮箱和游戏。

即时通讯

腾讯世界最大的即时通讯服务提供商，中国市值最高的互联网企业。1998 年 11 月由马化腾在深圳创建，2004 年 6 月香港上市，目前市值为 430 亿美元。注册用户超过了 10 亿，活跃用户超过 4.5 亿，一般为青少年。腾讯产品线覆盖即时通讯（qq、Rtx、TM）、门户、搜索（soso）、社区服务、增值服务、娱乐平台、电子商务等。飞信，中国移动下属品牌，神州泰岳公司运营。2007 年正式商用，目前用户数大约 2 亿，活跃用户数超 5000 万，是国内第二大 IM 品牌，优势为短信发送功能。用户群体大学生居多，短信应用量比较大，尤其是春节等特殊时期是飞信应用的较好时期。MSN 微软的下属产品，世界性的即时通信产品，在中国排第三位，用户群体多为白领阶层。

电子商务

B2B——企业对企业。阿里巴巴集团下属网站 alibaba 是世界最大的 B2B 网站，由马云成立于 1999 年 3 月，2007 年 11 月在香港上市。此外，阿里巴巴集团还拥有淘宝网、支付宝、阿里软件等下属公司。B2C——企业对个人。亚马孙（amazom）是世界最大的电子商务公司，在 1995 年成立，位于美国的西雅图。刚开始的时候只经营网络的书籍销售业务，现在包括了 DVD、音乐光碟、电脑、软件、电视游戏、电子产品、衣服、家具等。1997 年 5 月上市，并且在 2004 年收购中国的卓越网，后改名为卓越亚马逊。C2C——个人对个人。eBay 是世界上最大的 C2C 电子商务公司，成立于 1995 年 9 月 4 日，在 2003 年收购中国的易趣，其防诈骗信誉系统等在国内被模仿。

黑客也疯狂

黑客一词最早是源自英文 haCker，早期在美国的电脑界是带有褒义的。可是在媒体报道中，黑客一词往往指那些“软件骇客”。黑客一词，原本是指热心于计算机技术，水平高超的电脑专家，尤其是那些程序设计人员。可是到了今天，黑客一词已经被用于泛指那些专门利用电脑网络搞破坏或者恶作剧的家伙。对这些人的正确英文叫法是 CraCker，有人将其翻译成“骇客”。

定义

精通各种编程语言和系统，泛指擅长 IT 技术的人群、计算机科学家。“黑客”一词是由英语 HaCkte 音译出来的。他们伴随着计算机和网络的发展而产生成长。

黑客所做的不是恶意破坏，他们是一群纵横于网络上的技术人员，热衷于科技探索、计算机科学研究。在黑客圈中，HaCk 一词无疑是带有正面的意义，比如，systemhaCk 熟悉操作系统的设计与维护；passwordhaCk 精于找出使用者的密码，如果是 ComputerhaCk 则是通

数据被窃

晓计算机，可以让计算机乖乖听话的高手。

根据开放源代码的创始人 EriCRaymond 对于此字的解释是：haCk 与 CraCkte 是分属两个不同世界的族群，基本差异在于，haCk 是有建设性的，而 CraCkte 则专门搞破坏。

haCk 原意是指用斧头砍材的工人，最早被引进计算机圈的时间可以追溯到 1960 年。加州柏克莱大学计算机教授 BrianHarvey 在考证此字的时候曾经写到，当时在麻省理工学院中（MIT）的学生一般分成两派，一是 tool，就是指乖乖牌学生，成绩都拿甲等；另一则是所谓的 haCkte，也就是常逃课，上课爱睡觉，可是晚上却又精力充沛喜欢搞课外活动的学生。

可是这又跟计算机有什么关系？一开始并没有。可是当时 haCk 也有区分等级，就好像同 tool 用成绩比高低。真正一流 haCk 并不是整天不学无术，而是会热衷追求某种特殊的嗜好，比如，研究电话、铁道（模型或者真的）、科幻小说，无线电又或者是计算机。也因此后来才有所谓的 ComputerhaCk 出现，其意指计算机高手。

对一个黑客来说，学会编程是必需的，计算机可以说就是为了编程而设计的，运行程序是计算机的唯一功能。对了，数学也是不可少的，运行程序其实就是运算，离散数学、线性代数、微积分等！

黑客一词在圈外或者媒体上一般被定义为：专门入侵他人系统从而进行不法行为的计算机高手。不过这类人在 haCk 眼中是属于层次较低的 CraCkte（骇客）。如果黑客是炸弹制造专家，那么 CRACKTE 就是恐怖分子。

现在，网络上出现了越来越多的 CraCkte，他们只会入侵，使用扫描器到处乱扫，用IP炸弹炸人家，毫无目的地入侵破坏着，他们对于电脑技术的发展并没有益处，反而有害于网络的安全和造成网络瘫痪，给人们带来巨大的经济和精神损失。

黑客由来

最早的黑客开始于20世纪50年代，最早的计算机于1946年在宾夕法尼亚大学诞生，而最早的黑客则是出现在麻省理工学院，贝尔实验室也有。最初的黑客一般都是一些高级的技术人员，他们热衷于挑战、崇尚自由并且主张信息的共享。

1994年以来，因特网在全球的快速发展为人们提供了方便、自由和无限的财富，政治、军事、经济、科技、教育、文化等各个方面都越来越网络化，并且逐渐成为人们生活、娱乐的一部分。可以说，信息时代已经到来，信息已经成为物质和能量以外维持人类社会的第三资源，它是未来生活中的重要介质。随着计算机的普及和因特网技术的迅速发展，黑客也随之出现了。

黑客守则

1. 不恶意破坏任何的系统，这样只会给自己带来麻烦。恶意破坏他人的软件将会涉及到法律责任，如果你只是使用电脑，那仅为非法使用！注意：千万不要破坏别人的软件或者资料！

2. 不修改任何的系统档，如果你是为了要进入系统而修改它，请在达到目的后将它改回原状。

3. 不要轻易地将你要 haCk 的站台告诉你不信任的朋友。

4. 不要在 bbs 上谈论你 haCk 的任何事情。

5. 在 post 文章的时候不要使用真名。

6. 正在入侵的时候，不要随意离开你的电脑。

7. 不能入侵军队、公安、政府机关主机。

8. 不要在电话中谈论你 haCk 的任何事情。

9. 将你的笔记放在安全的地方。

10. 想要成为 haCk 就要学好编程和数学，以及一些 TCP/IP 协议、系统原理、编译原理等知识！

11. 已经侵入电脑中的账号不得清除或者涂改。

12. 不得修改系统档案，如果为了隐藏自己的侵入而做的修改则不在此限，可是仍然须要维持原来系统的安全性，不得因为得到系统的控制权而将门户大开！

13. 不将你已破解的账号分享于你的朋友。

组成

到了今天，黑客已经不是少数的存在了，他们已经发展成为网络上的一个独特的群体。他们有着与常人不同的理想和追求，有着自己独特的行为模式，网络上现在出现了很多由一些志同道合的人组织起来的黑客组织。可是这些人从什么地方来的呢？他们是什么样的人？其实除了极少数的职业黑客之外，大多数都是业余的，而黑客其实和现实中的平常人没有两样，或许他就是一个普通的高中在读的学生而已。

有人曾经对黑客年龄这方面进行过调查，组成黑客的主要群体是

18 ~ 30岁之间的年轻人，基本上都是男性，不过现在有很多的女性也加入到这个行列。他们大多是在校的学生，因为他们有着很强的计算机爱好和时间，好奇心强，精力旺盛等使他们步入了黑客的殿堂。还有一些黑客大多都有自己的事业或者工作，大致分为：程序员、资深安全员、安全研究员、职业间谍、安全顾问等，当然这些人的技术和水平都是刚刚入门的“小黑客”无法相比的，不过他们也是这一步一点点走过来的。

归宿

我们原来所提到的黑客组成的主要群体是年轻人，当然事实上也是如此。现在在网络上很难见到三十岁以上的老黑客了，很多的黑客一般在成家之后都慢慢地在网络上“消失”了。那么这些人到什么地方去了呢？他们为什么要离开？其实很简单，随着年龄的增长、心智的成熟，年轻时候的好奇心逐渐地脱离了他们，他们开始步入稳重期，生理上的体力和精力也开始下降，不像以前那橛怎么熬夜，怎么做都不知道累的时候比了。比如，开始有了家庭的负担，要为生计和事业奔波。因为黑客这个行业，只有极少数是职业的黑客，有很多还是业余的，他们做事需要花大量的时间和精力可是却没有报酬。所以当他们上了年纪以后“退出江湖”也是理所当然的。当然有很多对他们的黑客事业的兴趣也会执着一生。黑客在退隐以后一部分可能会去做安全行业，成为安全专家、反黑客专家，继续研究技术。也有一部分人会去做一些与黑客毫无关系的事业。

存在的意义

黑客存在的意义就是使网络变得日益安全完善，然而，也有可能让网络遭受到前所未有的威胁！

哪些人是黑客？

肖克莱是黑客，因为他发明了晶体管，然后才有集成电路，才有了我们现在的 PC。

布尔是黑客，他的布尔代数理论是整个数字化时代的前提，只要有二进制就离不开布尔代数。

冯诺伊曼是黑客，因为他构建了计算机模型。

BjarneStroustrup 是黑客，因为他创立了 C++，使得更多的人可以用这种划时代的语言来控制计算机。

LINUS 是黑客，因为他编写了 LINUX 操作系统。

香农是黑客，因为他创立了信息论。

文顿·G·瑟夫和罗伯特·E·卡恩是黑客，因为他们创造了 TCP/IP 协议，使得互联网成为了可能。

当你心潮澎湃下定决心准备当黑客的时候，最好是三思而后行，因为只有两条路：成为横绝一世的大师？或者成为驴？（因为在目前，从某种意义上来讲黑客这个词已经被很多驴丑化了，所以不得不考虑被丑化的后果）。

联系与区别

黑客，最早源自英文 haCk，早期在美国的电脑界是带有褒义的。他们都是水平高超的电脑专家，尤其是程序设计人员，现在算是一个统称。

红客，维护国家利益代表中国人民意志的红客，他们热爱自己的祖国，民族，和平，极力地维护国家安全与尊严。

蓝客，信仰自由，提倡爱国主义的黑客们，用自己的力量来维护网络的和平。

白客，又叫作安全防护者，用通俗一点的话来说就是使用黑客技术去做网络安全防护，他们进入各大科技公司专门防护网络安全。

灰客，也称为骇客，又称为破坏者，他们在那些红、白、黑客眼里是破坏者，是蓄意毁坏系统，恶意攻击的人。

在中国，人们经常把黑客与骇客搞混。实际上有很大的区别。

历史上著名的黑客

1. KevinMitnick

有评论称凯文·米特尼克是世界上“头号电脑骇客”。这位“著名人物”现年不过47岁，可是其传奇的黑客经历足以让全世界为之震惊。

2. AdrianLamo

艾德里安·拉莫是历史上五大最著名的黑客之一。Lamo专门找大的组织下手，比如，破解进入微软和《纽约时报》。Lamo喜欢使用咖啡店、Kinko店或者图书馆的网络来进行他的黑客行为，因此得了一个诨号：不回家的黑客。Lamo经常发现安全漏洞，并且加以利用。一般他会告知企业相关的漏洞。

3. JonathanJames

乔纳森·詹姆斯是历史上五大最著名的黑客之一。16岁的时候James就已经恶名远播了，因为他是第一个因为黑客行径被捕入狱的未成年人。他后来承认自己喜欢开玩笑、四处闲逛和迎接挑战。

4. RobertTappanMorrisgeek

RobertTappanMorrisgeek是美国历史上五

大最著名的黑客之一。Morris 的父亲是前美国国家安全局的一名科学家，叫 RobertMorris。Robert 是 Morris 蠕虫病毒的创造者，这一病毒被认为是首个通过互联网传播的蠕虫病毒。也正是因为如此，他成为了第一个被以 1986 年电脑欺骗和滥用法案起诉的人。

5. KevinPoulsen

凯文·普尔森，全名凯文·李·普尔森，1965 年出生于美国的 Pasadena。他经常使用马甲“DarkDante（黑暗但丁）”作案，因为攻击进入洛杉矶电台的 KIIS-FM 电话线而出名，这也为他赢得了一辆保时捷。

对于“黑客”这一词有很多个定义，大部分定义都涉及高超的编程技术，强烈的解决问题和克服限制的欲望。如果你想要知道如何成为一名黑客，那么，只有两方面是最重要的：态度和技术。

这么长时间以来，存在一个专家级程序员和网络高手的共享文化社群，其历史可以追溯到几十年前第一台分时共享的小型机和最早的 ARPAnet 实验时期。这个实验的参与者们创造了“黑客”这个词。黑客们建起了 Internet。黑客们使 Unix 操作系统成为今天这个样子。黑客们搭起了 Usenet。黑客们让 WWW 正常运转。

黑客精神并不仅仅局限于软件黑客文化圈中。有些人同样以黑客态度对待其他的事情，比如，在电子和音乐上面，事实上，你可以在任何较高级别的科学和艺术中发现它。软件黑客们识别出这些在其他领域同类并且把他们也称作黑客——有人宣称黑客实际上是独立于他们工作领域的。

著名黑客事件

1983 年，凯文·米特尼克因为被发

现使用一台大学里的电脑擅自进入今日互联网的前身 ARPA 网，并且通过该网进入到了美国五角大楼的电脑，所以被判在加州的青年管教所管教了 6 个月。

1988 年，凯文·米特尼克被执法当局逮捕，原因是：DEC 指控他从公司网络上盗取了价值 100 万美元的软件，并且造成了 400 万美元的损失。

1993 年，自称为“骗局大师”的组织将目标锁定美国电话系统，这个组织成功入侵美国国家安全局和美利坚银行，他们建立了一个能绕过长途电话呼叫系统而侵入专线的系统。

1995 年，来自俄罗斯的黑客弗拉季米尔·列宁在互联网上演了精彩的偷天换日，他是历史上第一个通过入侵银行电脑系统来获利的黑客，1995 年，他侵入美国花旗银行并且盗走一千万，他于 1995 年在英国被国际刑警逮捕，之后，他把账户里面的钱转移到了美国、芬兰、荷兰、德国、爱尔兰等地。

1999 年，梅利莎病毒让世界上 300 多家公司的电脑系统崩溃，该病毒造成的损失接近 4 亿美金，它是第一个具有全球破坏力的病毒，这个病毒的编写者戴维·斯密斯在编写此病毒的时候只有 30 岁。戴维·斯密斯被判处 5 年有期徒刑。

2000 年年仅 15 岁，绰号黑手党男孩的黑客在 2000 年 2 月 6 日到 2 月 14 日情人节期间成功侵入包括雅虎、eBay 和 Amazon 在内的大型网站服务器，他成功阻止服务器向用户提供服务，他于 2000 年被捕。

2000 年，日本右翼势力在大阪集会，称南京大屠杀是“20 世纪最大的

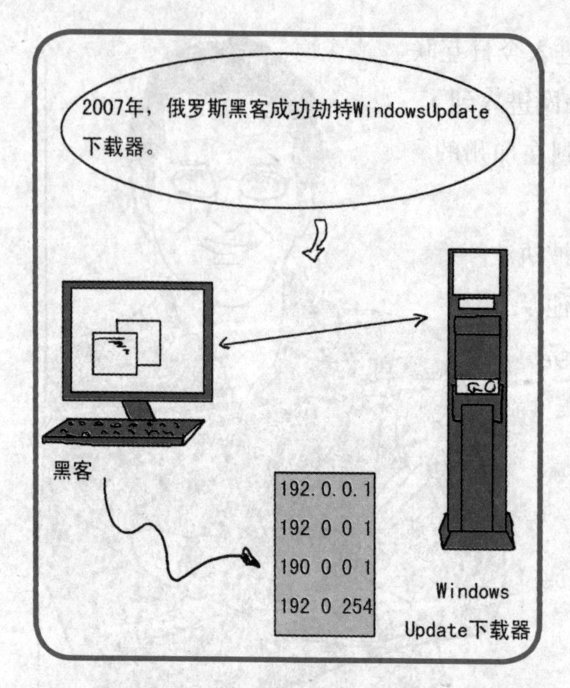

谎言"，公然为南京大屠杀翻案，在中国政府和南京等地的人民抗议的同时，内地网虫和海外华人黑客也没有闲着，他们多次进攻日本网站，用实际行动回击日本右翼的丑行，根据日本媒体报道，日本总务厅和科技厅的网站被迫关闭，日本政要对袭击浪潮表示遗憾。

2007 年，4 月 27 日爱沙尼亚拆除苏军纪念碑以来，该国总统和议会的官方网站、政府各大部门网站、政党网站的访问量就突然激增，服务器由于过于拥挤而陷于瘫痪。全国 6 大新闻机构中有 3 家遭到了攻击，此外还有两家全国最大的银行和多家从事通讯业务的公司网站纷纷中招。爱沙尼亚的网络安全专家表示，根据网址来判断，虽然火力点分布在世界各地，可是大部分来自俄罗斯，甚至有一些来自俄政府机构，这在初期表现尤为显著。其中一名组织进攻的黑客高手甚至可能与俄罗斯安全机构有关联。《卫报》指出，如果俄罗斯当局被证实在幕后策划了这次黑客攻击，那么将是第一起国家对国家的"网络战"。俄罗斯驻布鲁塞尔大使奇若夫表示："假如有人暗示攻击来自俄罗斯或俄政府，这是一项非常严重的指控，必须拿出证据。"

2007 年，俄罗斯黑客成功地劫持 WindowsUpdate 下载器。根据 SymanteC 研究人员的消息，他们发现已经有黑客劫持了 BITS，可以自由控制用户下载更新的内容，而 BITS 是完全被操作系统安全机制信任的服务，连防火墙都没有任何的警觉。这就意味着利用 BITS，黑客可以很轻松地把恶意内容以合法的手段下载到用户的电脑并且执行。SymanteC 的研究人员同时也表示，目前他们发现的黑客正在尝试劫持，可是没有将恶意代码写入，也没有准备好提供给用户的“货”，可是提醒用户一定要提高警觉。

2007 年，中国黑客折羽鸿鹄在 6 月至 11 月成功地侵入包括 CCTV、163、TOM 等中国大型门户服务器。（据说其成功过入侵微软中国的服务器，另外相传是微软中国的一个数据库技术员是他的朋友，给他的权限）

2008 年，一个全球性的黑客组织，利用 ATM 欺诈程序在一夜之间从世界 49 个城市的银行中盗走了 900 万美元。黑客们攻破的是一种名为 RBSWorldPay 的银行系统，用各种奇技淫巧取得了数据库内的银行卡信息，并在 11 月 8 日午夜，利用团伙作案从世界 49 个城市总计超过 130 台 ATM 机上提取了 900 万美元。最为关键的是，目前 FBI 还没有破案，甚至据说连一个嫌疑人都没有找到。

2009 年 7 月 7 日，韩国遭受有史以来最猛烈的一次攻击。韩国总统府、国会、国情院和国防部等国家机关，以及金融界、媒体和防火墙企业网站进行了攻击。9 日韩国国家情报院和国民银行网站无法被访问。韩国国会、国防部、外交通商部等机构的网站一度没有办法打开！这是韩国遭遇的有史以来最强的一次黑客攻击。

2010年1月12日上午7点钟开始，全球最大中文搜索引擎“百度”遭到黑客的攻击，长时间无法正常访问。主要表现为跳转到雅虎出错页面、伊朗网军图片，出现“天外符号”等，范围涉及四川、福建、江苏、吉林、浙江、北京、广东等国内绝大部分省市。这一次攻击百度的黑客疑似来自于境外，利用了 DNS 记录篡改的方式。这是自百度建立以来，所遭遇的持续时间最长、影响最为严重的黑客攻击，

网民访问百度的时候，会被定向到一个位于荷兰的 IP 地址，百度旗下所有子域名都没有办法正常访问。

著名黑客

RiChardStallman——传统型大黑客，Stallman 在 1971 年受聘成为美国麻省理工学院人工智能实验室程序员。

KenThompson 和 DennisRitChie——贝尔实验室的电脑科学操作组程序员。两人在 1969 年发明了 Unix 操作系统。

JohnDraper（以咔嚓船长，Captain CrunCh 闻名）——发明了用一个塑料哨子打免费电话。

MarkAbene（以 PhiberOptik 而闻名）——鼓舞了全美无数青少年“学习”美国内部电话系统是如何运作的。

RobertMorris——康奈尔大学毕业生，在 1988 年不小心散布了第一只互联网病毒“蠕虫”。

TsotumuShimomura，在 1994 年的时候攻破了当时最著名黑客 Steve Wozniak 的银行帐户。

LinusTorvalds，在 1991 年开发了著名的 Linux 内核，当时他是芬兰赫尔辛基大学电脑系的学生。

JohanHelsingius，黑尔森尤斯在 1996 年关闭自己的小商店之后，开发出了世界上最流行的，被称为“penetfi”的匿名回函程序，他的麻烦从此也开始接踵而至了。

其中最悲惨的就是 sceintology，教堂抱怨一个 penetfi 用户在网上张贴教堂的秘密后，芬兰警方在 1995 年对他进行了搜查，后来他封存了这个回函程序。

EricRaymond一直都活跃在计算机界，从事各种各样的计算机系统开发工作。同时，EricRaymond更热衷于自由软件的开发与推广，并且撰写文章、发表演说，积极推动自由软件运动的发展，为自由软件做出了不小的贡献。他写的《大教堂和市集》等文章，是自由软件界的经典美文，网景公司就是在这篇文章的影响下决定开放他们的源代码，使浏览器成为了自由软件大家族中重要的一员。

凯文米特尼克

很多的人认为凯文·米特尼克，是世界上“头号电脑骇客”。有人评论称他为“世界头号骇客”。这位“著名人物”现年不过47岁。其实他的技术也许并不是黑客中最好的，甚至相当多的黑客们都十分反感他，认为他是只会用攻击、不懂技术的攻击狂，可是其传奇性的黑客经历足以让全世界为之震惊，也使得所有网络安全人员丢尽了面子。

米特在很小的时候，他的父母就离异了。他一直跟着母亲生活，由于家庭环境的变迁导致了他的性格十分孤僻，学习成绩也不佳。但实际上他是个极为聪明、喜欢钻研的少年，同时他对自己的能力也颇为欣赏。

70年代末期，米特还在上小学的时候就迷上了无线电技术，并且很快成为了这方面的高手。后来他很快被社区“小学生俱乐部”里的一台电脑迷住，并在此外学到了高超的计算机专业知识和操作技能，一直到有一天，老师们发现他用本校的计算机闯入其他学校的网络系统，所以他也因此被退学了。美国的一些社区里提供电脑网络服务，米特所在的社区网络中，家庭电脑不仅和企业、大学相通，而且还会与政府部门相通。当然这些电脑领

地之间都是有密码的。这个时候，一个异乎寻常的大胆计划在米特的脑中形成了。此后，他以远远超出其年龄的耐心和毅力，试图破解美国高级军事密码。不久之后，只有15岁的米特就闯入了“北美空中防护指挥系统”的计算机主机，同时和另外一些朋友翻遍了美国指向前苏联及其盟国的民有核弹头的数据资料，然后又悄然无息的溜了出来。这成为了黑客历史上的一次经典之作。

在成功闯入“北美空中防护指挥系统”之后，米特又把目标转向了其他的网站。不久之后，他又进入了美国著名的“太平洋电话公司”的通信网络系统。他更改了这家公司的电脑用户，包括一些知名人士的号码和通讯地址。结果，太平洋公司不得不做出了赔偿。太平洋电脑公司开始以为是电脑出现了故障，经过很长的时间之后，发现电脑本身根本没有问题，这使他们终于明白了：自己的系统被入侵了。

这个时候的米特已经对太平洋公司失去了兴趣。他开始着手攻击联邦调查局的网络系统，不久就成功地进入其中。一次米特发现联邦调查局正在调查一名“黑客”，就翻开来看，结果让他大吃一惊，原来这个“黑客”就是他自己。可是米特对此并没有放在心上，而且对他们根本就不屑一顾，也正是因为如此，一次意外，米特被捕了。因为网络犯罪还很新鲜，法律也并没这样的先例，法院只有将米特关进了“少年犯管所”。于是米特也成为了世界上第一个因网络犯罪而入狱的人。可是没有多久，米特就被保释出来了。他当然不可能改掉以前的坏毛病。脆弱的网络系统对他具有很大的挑战。他把攻击目标转向大公司。在很短的时间里，他接连进入了美国5家大公司的网络，不断破坏其网络系统，并且造成这些公司的巨额损失。1988年，他因为非法入侵他人系统而再次入狱。因为这次是重犯，他连保释的机会都没有。米特被处一年有期徒刑，并且被禁止从事电脑网络的工作。等他出狱之后，联邦调查又收买了米特的一个最要好的朋友，诱使米特再次攻击网站，以便再次把他捕抓进去。结果米特居然上钩了，可是他毕竟身手不凡，在打入了联邦调查局的内部后，发现了他们设下的圈套，然后在追捕令发出前就逃离了。通过手中高超的技术，米特在逃跑的过程中，还控制了当地的电脑系统，以便知道有关于追踪他的一切资料。

他是第一个被美国联邦调查局通缉的黑客，走出牢狱之后，他马上又想插手电脑和互联网。有了他，世界又不平静了。凯文·米特尼克也许可以算得上迄今为止世界上最厉害的黑客，他的名声盛极一时，后随着入狱而逐渐消退。

米特尼克的所作所为与一般人们所熟悉的犯罪不同，他所做的这一切似乎都不是为了钱，当然也不单单是为了报复他人或者社会。他作为一个

自由的电脑编程人员，用的是旧车，住的也是他母亲的旧公寓。他并没有利用他在电脑方面的天才才能，或者利用他的超人技艺去弄钱，虽然这些事对他来说并不困难。他也没有想过利用自己解密进入某些系统之后，窃取重要的情报来卖钱。对于 DEC 公司（1998 年被康柏公司收购）的指控，他说：“我从没有动过出售他们的软件来赚钱的念头。”他玩电脑、入侵网络似乎只是为了获得一种强大的权力，他对于一切秘密的东西、对解密入侵电脑系统十分痴迷，他可以为此放弃一切。

他对电脑有一种异乎常人的特殊感情，当美国洛杉矶的检察官控告他损害了他进入的计算机时，他甚至流下了眼泪。一位办案人员说：“电脑与他的灵魂之间似乎有一条脐带相连。这就是为什么只要他在计算机面前，他就会成为巨人的原因。”

他主要的成就：他是第一个在美国联邦调查局“悬赏捉拿”海报上露面的黑客。他由于只有十几岁，可是一直利用网络犯罪，所以他被人称为是“迷失在网络世界的小男孩”。

自己独特的工具：在潜逃的三年里面，米特尼克主要靠互联网的聊天工具（IRC）来发布消息以及同朋友联系。

2002 年，对于曾经臭名昭著的计算机黑客凯文·米特尼克来说，圣诞节提前来到了。这一年，的确是 KevinMitniCk 快乐的一年。不但是获得了彻底的自由（从此可以自由上网，不能上网对于黑客来说，就是另一种监狱生活）。而且，他还推出了一本刚刚完成的畅销书《欺骗的艺术》。此书大获成功，成为 KevinMitniCk 重新引起人们关注的第一炮。

“两高”司法解释

2011 年 8 月 29 日，最高人民法院和最高人民检察院联合发布《关于办理危害计算机信息系统安全刑事案件应用法律若干问题的解释》。该司法解释规定，黑客非法获取支付结算、证券交易、期货交易等网络金融服务的账号、口令、密码等信息 10 组以上，可处 3 年以下有期徒刑等刑罚，获取上述信息 50 组以上的，处 3 年以上 7 年以下有期徒刑。

电影黑客

《黑客》Hacktes（1995年）

绰号“零度冷”的戴德·墨菲（约翰尼·李·米勒饰）是黑客中的传奇人物。1988年，他单枪匹马地弄瘫了华尔街的1507台电脑，从而导致了全球金融危机。11岁的戴德因此在联邦调查局的档案中挂上了名，并且被禁用键盘一直到18岁生日。7年未碰一个数码……戴德充满了饥渴。

绰号“酸蚀”的凯特·利比（安吉丽娜·朱莉饰）是一名在信息高速公路上横行无阻的女黑客。当“零度冷”和“酸蚀”相遇，出现了一场不可避免的两性大战，并且在硬驱上展开。此时“瘟疫”，一名受雇于跨国公司的黑客高手出现了，他不但想要借网络欺诈数百万美元还想嫁祸给戴德、凯特和他们的朋友。为了洗脱罪名，戴德、凯特招募了一帮黑客高手加入他们对大公司阴谋的反击战。

《黑客帝国》TheMatrix（1999年）

在矩阵中生活的一名年轻的网络黑客尼奥（基努·里维斯饰）发现，看似正常的现实世界实际上似乎被某种力量所控制着，尼奥就在网络上调查这件事。而在现实中生活的人类反抗组织的船长莫菲斯（劳伦斯·菲什伯恩饰），也一直在矩阵中寻找传说的救世主，就这样在人类反抗组织成员崔妮蒂（凯莉·安·摩丝饰）的指引下，两个人见面了，尼奥也在莫菲斯的指引下，回到了真正的现实中，逃离了矩阵，这个时候才了解到，原来他一直活在虚拟的世界当中。真正的历史是，在20××年，人类发明了AI（人工智能），然后机械人叛变，与人类爆发战争，人类节节败退，迫不得已的情况下，把整个天空布满了乌云，以切断机械人的能源（太阳能），谁知机械人又开发出了新的能源——生物能源，就是利用基因工程，人工制造人类，然后把他们接上矩阵，让他们在虚拟的世界中生存，以获得多余的能量，尼奥就是其中的一个。尼奥知道之后，也加入了人类反抗组织，在莫菲斯的训练下，渐渐成为了一名厉害的“黑客”，并且渐渐展露出与其他黑客的不同之处，让莫菲斯也更加肯定他就是救世主，就在这个时候，人类反抗组织出现了叛徒，莫菲斯被捕，尼奥救出了莫菲斯，可是在逃跑的过程中，被矩阵的“杀毒软件”特工杀死，结果反而让尼奥得到了新的力量，并且复活了，真正地成为了救世主，并且把在矩阵无所不能的特工删除了。从此，人类与机械的战争，进入了一个新的时代。

《黑客帝国》电影剧照

网络创业是先有了网站运营，网店经营之后才产生的一种新型的创业形式。网络创业者基本上都是从事IT行业的青年人，所以网络创业也是一种具有勃勃生机的创业形式。

网络创业与营销的关系

网络创业与网络营销是不可区分的整体，因为网络创业本身具有网络的性质，所以很多时候网络创业的本身就是网络营销，此种形式以网店为主，网站经营也有部分网络营销的成分在内。

主营业务

网络创业主要经营网站和网店，归根结底就是一种以网络作为载体的创业形式。

包括网站的经营，网赚，网店销售等。

从业要求

网络创业因为其本身的特殊性，所以要求从业的人员需要具有一定的网络知识，并且具有一定的网络安全意识，比如，淘宝的支付宝，百度的百付宝，腾讯拍拍的财付通都是需要掌握的在线支付手段，另外网上银行也是需要掌握的一种必要的手段。还有就是对计算机要有一定的认识，要能够熟练的操作计算机。

大学生与网络创业

因为网络创业的网络特性吸引了越来越多的大学生和大学毕业生都投身到网络创业中来，造成了网络创业一浪高过一浪的创业热潮，这也正说明中国的网络创业事业的蓬勃发展和生机勃勃。

大学生是具有活力的群体，也是新技术和新潮流的引导者和受益方。随着网络购物的方便性、直观性，使得越来越多的人在网络上购物。一些人就算不买，也会去网上了解一下自己将要买的商品的市场价。这个时候，一种点对点、消费者对消费者之间的网络购物模式开始兴起，以国外的ebuy为领头，国内的淘宝为象征，吸引了越来越多的个人在网上开店，在线销售商品，引发了一股个人开网店的风潮。而大学生正是这一群体里的主要力量，不少大学生看到这一潮流就纷纷投身个人网店，当然成功者也有不少，更有不少大学生选择辍学而投身网店。目前，除了知名的淘宝网、拍拍网和易趣网等较大的平台外，不断有新的和更细分的网店平台出现。从无所不包的淘宝到专售货源的第六代充值平台，大学生都可以自由选择的网店创业平台。可以预见，在将来，即使个人在网上开店销售汽

车也是有可能的。网店之所以成为大学生创业热衷的领域，自然有其天然的优势。除了销售范围广、推广成本低、投资成本低外，日益增长的庞大网购消费群让众多大学生看好网络购物市场从而欲罢不能。

相关政策

网店政策

2010 年 5 月 26 日，如果符合一定的条件，可以将网上创业人员纳入社会保障体系，并享受就业政策的扶持。根据淘宝方面的统计，目前在杭州经营淘宝网店的店家有 19.4 万家，这 19.4 万家网店店主有望成为全国第一批有社会保障的淘宝店家。

杭州政策

杭州市政府《关于网上创业就业认定和扶持有关问题的通知》针对网上创业就业出台了相关的政策。《通知》中指出，凡城镇登记失业人员、高校毕业生和农村转移劳动力在网上交易平台通过实名注册认证从事电子商务（网店）经营的，符合下列两个条件之一，第一、卖家信用积分累计达到 1000 分以上，好评率（好评数与交易数的百分比）在 98% 以上；第

二、经营三个月以上且月收入超过杭州市区最低月工资标准的。就可以自愿提出申请网上创业就业的认定。经认定的网点店家将可以参照有雇工的个体工商户形式办理就业登记手续；参照城镇个体劳动者参加基本养老、医疗保险两项或者其中的一项。

难点分析

融资难

1. 没有能力写商业计划书，VC（风险投资公司简称）公司不理你。在你寻找资金的时候，每个投资方都需要你有比较细致的商业计划书，而这个计划书里面包括：投入成本、成长潜力、竞争环境分析、目标市场分析、客户定位、价格定位、盈利分析、融资计划、自身竞争优势分析、推广宣传、团队等各方面。

2. 没有企业管理运作经验，VC 公司不理你。在一个企业中 CEO 的决策直接影响到企业的生死，如果没有实战的企业管理运作经验。或者像我们现在是想在网络上创业，也是需要有相当的经验，而这些包括：组织，计划，执行，控制。

3. 近期没有盈利，VC 公司不理你。国内真正的天使投资很少，也就是投资额在 10 ~ 50 万之间的 VC 公司。还有一点很重要，也就是他们一般都会投资在项目的中期，也就是该项目已经有盈利的希望或者正在盈利，真正雪中送炭的几乎不存在！

4. 没有团队，VC 公司不理你，很多中国人与日本人有一个

区别就是，中国一人是龙，一群人是虫，可是日本人却相反。很多的VC公司在问你的项目时，是要看你的团队，这其中的原因，想必各位心中清楚。

5. 没有好的项目，VC公司不理你。就算你有好的项目，你没有达到前四条，VC仍然是不会理你的，因为你不懂得管理运作，每天有多少好的产品问世，可是真正能够成立推向市场的有多少？不在于产品而在于人，在于团队，在于管理运作！同样类型的网站，同样的时段进入市场，同样的投入，有的网站赢利可是有的刚好相反！如果成立一个团队，那么就拥有了各类的人才，这样才有可能想出更好的项目，那样融到资的机会将会大大地增加。

推广难

有不少比较贫穷的朋友都在用一些群发软件来做推广，有很多的人并没有实力在各大门户做首页广告，甚至都没有实力做普通的收费登录，所以只得天天在网上寻找各类群发软件的破解版（BBS群发、邮件群发、IP群发、QQ群发、供求信息群发、留言板群发，登录软件等），可是找到的真的好用吗？就算是找到了，而且的确能用，于是就开始做推广，只有一台电脑来推广，我们每个人都想要成为百万富翁，所以每天用N个小时发垃圾信息！可是效果怎么样？那些做过网站的朋友都知道，有的朋友这样说了：“这些不行，要用狠招，使用各种病毒来传播我的网站。”当然除非你的技术的确能超过一些上网助手，有可

能行得通。也有朋友这样说：“友情链接也可以，或者试试互换流量，使排名靠前点。”以上的推广方式其实每个个人站长都在使用。可是用过的人都知道，这样做不仅很累而且效果很一般。可是如果我们有十个人的团队，一起用这些方式来进行推广，而且大家有着共同认可的项目。那么效果会不会好一些呢？是不是很快就有可能赢利呢？是不是我们一加一大于二呢？

维护难

不管我们未来做什么样的项目，网站的维护更新是关键的，因为我们的网站就是我们的产品，如果我们的产品不好，当我们是个人网站的时候，我们用了大把的时间做了推广，可是你们站点的内容天天更新吗？更新的数据量够大吗？大家都知道，寻找新客户非常不容易，而老客户才是我们真正的利润来源。如果各位有过推销员的经验就知道，当你拥有一定的老客户关系群时，你不用担心没有收入。而网站也是一样的，如果每个经过我们努力推广的而到我们网的客户，他满心欢喜把你的站加入收藏，结果后来发现你的网站更新太少并且数量太少，你说他还会来你的网站吗？我们每个个人网站虽有创业梦想，经过一年半载的努力经营最终只能以失败告终！

网络对我们的影响

人类的脚步早就已经迈入了21世纪，随着网络这几年的飞速发展，人们也越来越多地感受到网络对生活的影响。当我们静下来仔细想的时候，会猛然发现自己其实已经生活在了一个实实在在的与网络密切相关的网络生活之中。我们已经算得上是一种新的生活形态人类，或者说是E人类了，而我们正处于的时代也可以称之为E时代。也许我们能够拒绝网络，可是我们不能改变网络对生活的影响，尤其作为建平中学的一员，每天都接触着电脑，我们有比同龄人更多的优势，不能不说我们是十分幸运的。每天接触网络，我们能够了解世界上发生了什么。真可谓“坐地日行八百里”，而且如今我们所畅游的又岂是八百里所能包容的？坐在电脑前面，我们就能知道世界各地的新闻，只要鼠标轻轻一点，键盘轻轻一按，五花八门的世界马上就会呈现在我们的面前。

有人说Internet就是

泡沫，当然有人也说不是。网络已经让一部分人尝到了甜头，可是其前景却开始扑朔迷离。互联网的明天究竟是个什么样子？一定有比昨天的WWW、E-MAIL、BBS、LINUS，今天的B2B、B2C、YAHOO、AMAZON更具有革命性的新平台和新的商业模式出现。不管怎么样，如果有一个叫作互联网的生灵在天地之间撒野，那么全国各地的网络演义就会风生水起。网络在我们的生活中已经扮演着越来越重要的角色。

网络对于生活的影响，主要是让生活的质量明显提高了，不是吃穿住用，而是心理和精神上面的满足。过去要写一篇文章，最多找到几本参考书，现在每篇都有10万字的参考资料。在生活中你也许一辈子找不到一个聊得来的人，可是在网上，你个性再强，兴趣再偏，也能找得到跟你一样的人。

在这里，让我们来举一个例子，来说明网络对生活的影响：几千年来，世界上只要有中国人的地方就有春节，古老的风俗和习惯一直代代相传。每当春节来临，人们总要采购各种年货、添置新装；大年三十的晚上，全家人老老少少都要聚在一起，吃一顿丰盛的年夜饭；新年钟声敲响时，家家要燃放鞭炮；大年初一，人们向亲朋好友贺新春，互拜新年。然而前年，人们第一次免去了四处奔波和排队的劳累，实现了在家里置办年货的梦想。像8848、新浪、CE123等电子商务网站都为网民准备了丰富的节日商品，小到卫生纸、大到家用电器应有尽有，并且全天24小时为网民提供服务；在网上人们还观看到了春节晚会；在乐友网上，网民还过了放鞭炮的瘾，网上的花炮玩起

网络给我们带来了很多便捷。

来有声有色，惟妙惟肖；在大众网上，千千万万的网民在大年初一的零时零分参加了推倒多米诺骨牌的活动……随着互联网在中国的不断发展，春节也带上数字化的味道，人们不仅可以在网上置办年货、观看春节联欢晚会，还可以在网上订年夜饭、放鞭炮，同时享受网络电话的各种优惠……互联网正在悄悄改变着具有几千年传统的春节。

当然，"数字化"春节对传统春节的触动只是事物的表面，在变迁的背后，更为深刻的是汹涌而来的网络化大潮。网络对生活的影响已经显而易见了。"数字化"春节只是网络对生活深远影响的一角，随着网络化的深入，生活中将处处浸染数字化的色彩，人们将彻底置身于消除一切时空的即时沟通环境之中。从这种意义上讲，这个"数字化"春节恰恰预示了新千年全新的气象。

我现在才知道为什么有那么多的人说"网络妩媚"。因为你在网络中可以找到许多你在生活中找不到的东西。我一向认为电脑里面有一个其他的世界。因为有很多人在电脑前一坐就是五六个小时，甚至更长，他们乐此不疲，当他们的身体坐在那里的时候，他们的心在电脑的里面。在某一个 Room 里面，也许我们说电脑说不清，因为你面对的是显示屏，显示屏在你的面前大概十几厘米的地方，可是好像在物外，好像你也在身外，兴许我们可以用其他的大家已经熟悉的方式来比喻更能理解。可是无论怎样，今天的我们已经尝到了网络给我们带来的甜头。我们也坚信在未来，网络在我们的生活中必将起着越来越重要的作用。

网络对生活的影响

社会是进步的，发展的，前进的。人类社会从原始社会发展到奴隶社会，由奴隶社会再发展到封建社会，由封建社会再前进到资本主义社会和社会主义社会，人们的生活水平在不断地提高，人们的思想观念在不断文明进步。在 21 世纪的今天，精神文明建设的今天，人们更是生活得丰富多彩，有滋有味，而它更为我们多姿多彩的生活锦上添花，增趣不少，它就是神通广大的电脑。

电脑是一个伟大的产物，是人们智慧的结晶，更是社会发展进步的最好的证明。电脑如今成为了人们生活中不可缺少的一部分，它在我们生活中无处不在，又无时无刻不在，在公司、医院、学校、银行等等，你在任何地方都能找到它活跃的身影，今天电脑更是走进了普通老百姓的家里。我们绝对可以说21世纪的世界的网络的世界。

网络是神奇的，是有益的。它为我们的生活带来了无穷大的方便。你是不是想要找资料，想用的时候少，而资料全？现在你不用再埋头工作在图书馆里面了，你只要在电脑里面输入你要查询的资料，就可以把这项艰巨的任务交给网络，它可以在短时间内帮你大功告成，是不是很神奇呢？当你有什么烦恼的问题时，可千万不要忘了它。试试让网络来帮助你，相信它一定可以帮你排忧解难，成为你工作和学习的好助手。

网络不但可以在工作和学习方面帮助你，更是与我们的日常生活密切相关。你是不是经常因为时间的关系而不能准时地收看到新闻，因此不能了解国家大事和社会新闻。你不用忧愁，网络可以帮你解决这个问题。从此你不用在赶时间了，你只要简简单单地上网，各种各样的新闻消息就尽在你的掌握之中了。是不是十分方便呢？你是不是一个大忙人？是不是没有时间烧饭和买东西？网络也可以帮你。你只要轻松地上网点击，上门服务肯定会让你称心如意。

网络不光有以上两个优点，它更是一个通讯的好工具。你是不是有远在异地的好朋友，你是不是很想与他联系。那么让网络来帮你，你可以通过上网与他进行交谈，倾诉你的肺腑之言，仿佛你们就在面对面的聊天。不论你们相处多远，相信网络可以让你们感觉近在咫尺。如果你有很多的话要说，又找不到倾诉的对象，你也可以上网向一位你不认识的朋友说出你的心声，说不定你也会多一位好朋友呢。

任何事物都有两面性的，网络有许多优点，可是利用网络干坏事的事例还是存在的，有的人利用网络散发病毒，破坏电脑的正常工作。对于这些，我们要严格的禁止，让网络真正地服务人类。

网络，像一根很长的绳子，它把一个很大的世界连接在一起；网络，像一位神奇的魔法师，让你的梦想成真；网络，像一片汪洋大海，有无穷的奥秘等你去探索。

网络，使我们的生活更加的方便，更加的丰富多彩，也使我们的生活质量提高。我们也希望网络能更好地服务人们，变得更多姿多彩。

互联网对社会的影响

在人类历史上，从来没有任何一项技术及其应用像互联网发展那么快，对人们的工作、生活、消费和交往方式影响那么大，并且，随着高度信息化的网络社会的到来，人们在生产和生活方式、观念和意识等方面也必然会发生翻天覆地的变化。

对于互联网所创造和提供的这个全新环境，人们好像还没有做好充分的心理准备，因而对于它所带来的一系列社会问题，不少人或多或少地表现出了一些惊慌失措。

其实，任何事物都有它的两面性，互联网也是如此。对于它带来的积极的、正面的影响，人们比较容易看到，宣传和肯定也比较充分，而它所产生的消极的、负面的影响却往往为社会所忽视。最起码，在各个单位和个人都忙于上网的今天，我们对互联网的消极作用和负面影响的研究和关注还是远远不够的，而如果忽视了这一点，又可能使社会及其他成员付出沉重的代价。

毋庸置疑，互联网对社会道德的积极影响和正面作用是十分巨大的，比如，它带来了社会道德的开放性、多元化，促进了人和社会的自由全面发展以及从依赖型道德向自主型道德的转变等。然而，它的负面影响也是显而易见的，这主要表现在以下几个方面。

与健康的社会文化相比，暴力等不良文化的传播速度更快，面也更广，在互联网上也是如此。虽然世界各国对垃圾文化的传播都有一定程度的限制，可是要将这些东西如同犯罪行为一样从互联网上杜绝掉，还需要全人类漫长而艰苦的努力。

其次，互联网由于其自身的特点决定了，它在加速各种文化的相互吸

收和融合，促使各种文化在广泛传播中得到发展的同时，也正日益严重地面临着“殖民文化”和“文化侵略”的压力，这种压力也必然会反映到社会道德领域。根据有关统计，目前在互联网络上，英语内容大约占90%，法语内容约占5%，其他语种的内容只占5%，这说明我们的社会正面临着单一文化的巨大压力，或者说我们正面临着一种文化上的新殖民主义。对于多数落后的发展中国家来说，由于诸多条件的限制，它们没有别的选择，只能无奈地面对发达国家的文化侵略，成为网络时代文化的被动受体。而发达国家在通过网络连续不断地传播文化信息的同时，也将其意识形态、世界观和价值观、伦理道德观念等四处传播并强加于人，对受众群体产生着潜移默化的影响。久而久之，这种影响便会产生不可忽视的作用，使人们对其逐渐产生亲近感和信任感，并且最终走向认同和依赖，与此同时，却丢掉了对本民族文化与价值观的信任、依赖与自豪。对于一个民族和一个国家来说，这种倾向是非常危险的，因为长此以往，必然会使其丧失凝聚力，毁灭其意识形态、价值观和伦理道德体系，动摇其存在的基础。目前，这种现象和趋向已引起了各有关国家的重视，它们纷纷呼吁和强调要努力保持世界各民族多样化的文化和语言及其传统。

第三，合理的个人隐私作为人的基本权利之一，应该得到充分的保障，然而，这种权利在网络时代却遇到了前所未有挑战。在传统社会中，个人的隐私比较容易保持。而在网络时代，人们的生活、娱乐、工作、交往等都会留下数字化的痕迹，并在网上有所反映。一方面，网络服务商为了计收入网费和信息使用费，需要对客户的行踪进行详细的记录，由于这种记录非常方便，因而可以达到十分细致的程度。另一方面，政府执法部门为了查找执法证据，也有记录人们行为的需要。这就产生了个人隐私与社会服务和安全之间的矛盾和冲突：对个人来说，他的隐私权应该得到保障，对于社会而言，他又要对自己的行为及其所产生的后果负相应的责任，包括经济责任、法律责任的道德责任等，因而，其行为又应该留下可资查证的原始记录。这个问题如果处理不好，就不仅会影响个人的权益和能力的充分发挥，而且会影响网络社会道德和法律约束机制的建立和完善。

第四，从社会心理学和道德心理学的角度看，互联网的发展在给人们的社会交往与交流提供了巨大方便的同时，又在物理空间上进一步孤立了个人，限制和改变了人们的传统交往方式和情感方式，产生了诸如孤独、网癖、盲恋等一系列包括道德问题在内的社会问题。一般来说，人们在生活方式、交往方式、情感方式等方面的变化必然引起其心理、观念、情感等方面的变化，对于这些变化，如果不能适时地加以合理的引导，就会导致一系列不良的社会问题，从而给社会和个人都带来消极的影响，这是我们所决不能忽视的。

疯狂的互联网应用

网络传播

中国现代媒体委员会常务副主任诗兰认为，网络传播有三个基本的特点：全球性、交互性、超文本链接方式。因此，其给网络传播下的定义是：以全球海量信息为背景，以海量参与者为对象，参与者同时又是信息接收与发布者并且随时可以对信息做出反馈，它的文本形成与阅读是在各种文本之间随意链接、并以文化程度不同而形成各种意义的超文本中完成的（《国际新闻界》2000 年第 6 期第 49 页）。

还有人认为，“网络传播”是近年来广泛出现于传播学中的一个新名词。它是相对三大传播媒体也就是报纸、广播、电视来说的。网络传播是指以多媒体、网络化、数字化技术为核心的国际互联网络，也被称作网络传播，是现代信息革命的产物。

所谓的网络传播其实就是指通过计算机网络的人类信息（包括新闻、知识等信息）传播活动。在网络传播中的信息，以数字形式存贮在光、磁等存贮介质上，通过计算机网络高速传播，并且通过计算机或者类似设备阅读使用。网络传播以计算机通信网络为基础，进行信息传递、交流和利用，从而达到其社会文化传播的目的。网络传播的读者人数巨大，可以通过互联网高速传播。

网络传播学的相关学科主要有：传播学、政治学、社会学、心理学、新闻学、经济学、计算机科学等。

网络电话

网络电话又称为 IP 电话，它是通过互联网协定（InternetProtocol，IP）来进行语音传送的。传统的国际电话是以类比的方式来传送的，语音先会转换为讯号，通过铜缆将声音传送到对方。网络电话则是将声音通过网关转换为数据讯号，并且被压缩成数据包（packet），然后才从互联网传送出去，接收端收到数据包的时候，网关会将它解压缩，重新转成声音给另一方聆听。目前网络电话联机方式一般来说可以分为 3 种：PCtoPC、PCtoPhone、PhonetoPhone。网络电话利用 TCP/IP 协议，由专门软件将呼叫方的话音转化成数字信号（往往再经过压缩，这也是网络电话软件好坏的技术关键点），然后打包，形成一个个小数据包，小数据包自由寻找网络空闲空间，将语音数据传输到对方，对方的专门设备或者软件接收到数据包之后，作一个与前面讲的语音转化成数据包的反过程，如果对方的接收器不一致，还要作技术处理以使语音能够还原。通话全程，我们不用特意租用专门的线路，而只是见缝插针地使用网络，就能大大地节省通

话费用。一般费用国内都在几分钱，国际费用一般都在几毛钱，费用十分低廉。

通话全程，我们不用特意租用专门的线路，而只是见缝插针地使用网络，大大节省通话费用。

网络电话是一项革命性的产品，它可以透过网际网络做实时的传输及双边的对话。你可以透过当地网际网络服务提供商（ISP）或电话公司以很低的费用打给世界各地的其他电话使用者，网络电话内部是免费拨打的。从上班族到家庭使用者、学生、网际网络浏览者、游戏玩家及祖父母等人，网络电话提供一个完全新的、容易的、经济的方式来和世界各地的朋友及同事通话。

网络硬盘

“网络硬盘”是一块专属的存储空间，用户通过上网登录网站的方式，可方便上传、下载文件，而独特的分享、分组功能更是突破了传统存储的概念。与其他同类产品相比，“网络硬盘”产品具有直观预览、四级共享、分组管理、稳定安全的四大特点。

网络硬盘是指“通过网络连接管理使用的远程硬盘空间”，可用于传输、存储和备份计算机的数据文件，方便用户管理使用。本站用户可以在全球任何有互联网接入的电脑终端上，连接使用“e 网通”提供的网络硬盘服务。

网络教育

网络教育指的是在网络环境下，以现代教育思想和学习理念为指导，充分发挥网络的各种教育功能和丰富的网络教育资源优势，向教育者和学习者提供的一种网络教学的服务，这种服务体现于用数字化技术传递内容、开展以学习者为中心的非面授教育活动。

网络金融

所谓网络金融，又称为电子金融，是指在国际互联网上实现的金融活动，包括网络金融机构、网络金融交易、网络金融市场和网络金融监管等方面。它不同于传统的以物理形态存在的金融活动，而是存在于电子空间中的金融活动，其存在的形态是虚拟化的、运行方式是网络化的。它是信息技术特别是互联网技术飞速发展的产物，是适应电子商务发展需要而产生的网络时代的金融运行模式。

网络硬盘是指“通过网络连接管理使用的远程硬盘空间”，方便、便捷可用于传输、存储和备份计算机的数据文件，方便用户管理使用。

网络电视

网络电视又被称为IPTV，它将电视机、个人电脑及手持设备作为显示终端，通过机顶盒或挺计算机接入宽带网络，实现数字电视、时移电视、互动电视等服务，网络电视的出现给人们带来了一种全新的电视观看方法，它改变了以往被动的电视观看模式，实现了电视按需观看、随看随停。

网络保险

网络保险是新兴的一种以计算机网络为媒介的保险营销模式，有别于传统的保险代理人营销模式。

网络保险的产生和发展是一种历史趋势，它代表了国际保险业的发展方向。

目前国内的保险网站大致可以分为三大类：第一类是保险公司的自建网站，主要推销自家险种，比如平安保险的“PA18”，泰康人寿保险的“泰康在线”等；第二类是独立的第三方保险网站，是由专业的互联网服务供应商（ISP）出资成立的保险网站，不属于任何保险公司，可是也提供保险服务，比如，慧保网、易保、网险等；第三类是保险信息网站，比如中国保险网一类的，可以视为业内人士的BBS。很明显，这三大类网站代表了中国网络保险的发展水平，当对它们的实施策略及市场运作方式进行理性、客观的研究分析之后，就能深刻地把握中国网络保险的发展状况。

网络保险是一项巨大的社会系统工程，涉及到银行、电信等多个行业，这一工程的完善需要较长的时间。网络黑客的袭击使目前计算机网络系统的自身安全缺乏了保障，网络保险存在不安全的隐患；而网络保险因为保险当事人之间的人为因素与深刻复杂的背景及利益关系，使得在网上投诉、理赔容易滋生欺诈行为。因此，仅仅依靠网上运作还难以支撑网络保险。如何禁止和惩处利用网络保险进行保险欺诈的行为？如何实行网上核保与网上理赔及支付？网络保险在中国仍然有很长的一段路要走。

国内的保险网站

http://www.pingan.com

http://www.taikang.com

http://www.zhongming.com

网络保险技术是由国家科技研发人员研究的整套“安全加固系统”对服务器的安全进

行维护，抵制黑客，病毒以及蠕虫入侵。截至2007年12月7号，中央新闻联播以播报新一代的“安全加固系统”已经投入运行。

网络营销

网络营销的全称是网络直复营销，属于直复营销的一种形式，是企业营销实践与现代信息通信技术、计算机网络技术相结合的产物，是指企业以电子信息技术为基础，以计算机网络为媒介和手段而进行的各种营销活动（包括网络调研、网络推广、网络新产品开发、网络促销、网络分销、网络服务等）的总称。

网络营销的具体操作步骤是

一、搭建企业网络营销平台，大的公司可以建立起自己的网站，小的公司可以与有关网络公司联盟，在网上安一个“家”。

二、网络推广（搜索引擎的优化、商机发布、电子邮件、博客营销等）。

三、建立消费者数据库。消费者是企业的战略财产，企业必须重视借助网络收集、分析消费者信息，比如注册用户的信息，用户反馈的意见、建议，建立并且管理消费者数据库，发掘消费者的个性化需求，分析消费者的消费行为、习惯，建立与客户发展长期的私人关系。锁定网上消费者。一方面互联网上的信息不断地激增，另外一方面消费者的时间有限，企业必须开始吸引消费者上网并且促使他们多次访问和长时间浏览企业网站的营销策略。

网络营销步骤示意图

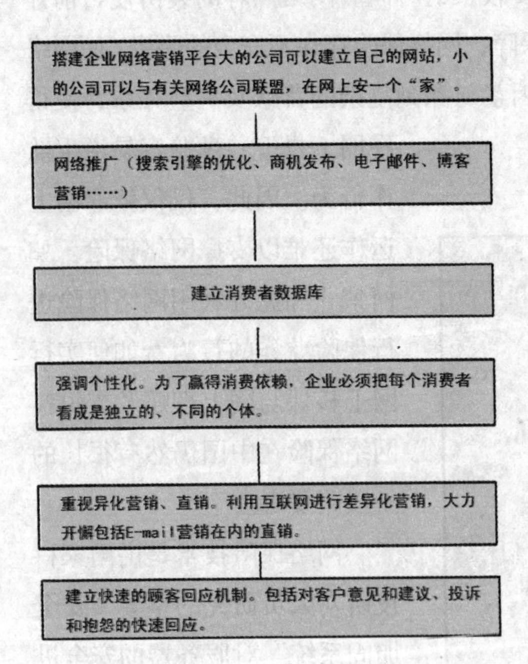

四、强调个性化。为了赢得消费者的依赖，企业必须把每个

消费者看成是独立的、不同的个体。现在消费者新的购物准则是：“要么按我的要求提供产品，要么我就不要”，而公司的回答只能是：“按他们的要求做，否则就别打扰他们”。

五、重视差异化营销、直销。利用互联网进行差异化营销，大力开展包括 E-mail 营销在内的直销。

六、建立快速的顾客回应机制。包括对客户意见和建议、投诉和抱怨的快速回应，以及快速的物流机制。要最大限度地抓住每一次与客户交流的机遇，尽可能快地提供满足顾客特有的时间和交付要求的服务。

网络的历史意义

计算机网络是继造纸和印刷术发明以来，人类又一个信息存储与传播的伟大创造。人类的信息传播最早是言传身教，到龟壳石刻的高成本记载，到现在的计算机网络快速高容量的记载及快速传播。

网络语言

网络语言是伴随着网络的发展而新兴的一种有别于传统平面媒介的语言形式。它以简洁生动的形式来表达，一诞生就得到了广大网友的偏爱，

发展神速。网络语言包括拼音或者英文字母的缩写，含有某种特定意义的数字以及形象生动的网络动画和图片，起初主要是网虫们为了提高网上聊天的效率或者某种特定的需要而采取的方式，时间久了就形成了特定语言。网络上冒出的新词汇主要取决于它自身的生命力，如果那些充满活力的网络语言能够经得起时间的考验，约定俗成后就可以被接受。就相当于人与人对话，只是我们的对话方成了计算机，计算机是一个服从者，我们只要用语言告诉他干什么就可以，也就是网络语言。

网络语言代表的是一种互联网文化，它广泛地出现在聊天、论坛（BBS）等各种互联网应用场合，并且渗透到现实的生活中，对我们的生活产生了一定的影响。它的来源很广，多取材于方言俗语、各门外语、缩略语、谐音等，属于混合语言。在鸦片战争之前，全中国没有几个人会知道欧罗巴、英吉利是什么意思，也不会知道毛瑟枪、白兰地是什么东西。然而在鸦片战争之后，这些词汇迅速地进入到中国人的语言中，并且通过音译长久地得以保留。从这个例证就可以看出，网络语言的出现，赋予了语言更多的生命与活力。

互联网和大脑的PK

在整个地球的生物发展史上，人类绝对是独一无二地存在着的，我们发明了各种各样的装置来发挥和拓展自身的能力。我们锻造刀剑来延伸臂膀的长度和力度，我们发明望远镜来拓展眼睛的能力，我们发明照相机来帮助我们永久的记录那些美好的瞬间，我们设计出人造心脏来模仿在我们胸腔里面跳动的那个有机泵。我们开始了解人类的器官可以被设计出来。就好像哈佛大学心理学家史蒂文·品克所说的："我们知道，人类的身体就像一台相当复杂的机器，人体的构成材料并不是一团抖动的、炽热的、奇异的凝胶，而是由小夹具、弹簧、合叶、钓钩、薄板、磁铁、拉链和活板门组成的一个奇妙的装置，以一个数据带（DNA）组装起来，这样一个数

人类身体是一个复杂的机器

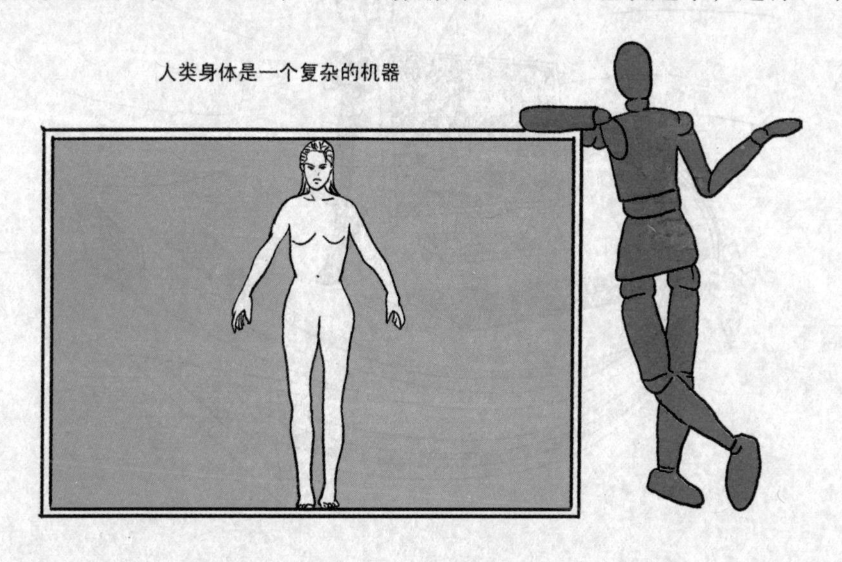

据带可以像计算机帮助人类工作，所有的信息都可以复制、下载和扫描。”

这种描述可能适用于一般的身体器官，在整个人类的进化长期史上，大脑始终被认为是最神秘莫测的器官。我们也许可以仿照人类的心脏发明人造心脏（泵），或者仿照眼睛发明照相机镜头，甚至可以仿照骨关节发明合叶。可是，仿照大脑，这个脑壳中悄无声息的、一团黏糊糊的、三磅重的褶皱物质，我们又能发明出什么类似物可以代替大脑的存在呢?

我们试图在计算机身上发现类似性。科学家们认为半导体可以像大脑神经元控制开关，玻璃纤维与神经元的突触和轴突一样能够传输信息。除此之外，我们别无所知。与人造心脏和真正心脏的可比性不同，我们发明的计算机和大脑并不具有可比性。可是计算机本身并不是真正的大脑。

不过，不要忘记了还有互联网呢！基于互联网的一些创造不同于人类之前的发明。蒸汽机车、电视机、汽车它们自身都无活力。即使是棋盘和篮球场，也只有在比赛的几十分钟里短暂地大放光彩，发挥自己最大的价值，可是比赛一结束，它们就会黯然失色，默默地等待自己的下一次被使用。可是互联网不同。它不受控制，自身永久存在，而且具有集体意识。它不像篮球比赛，更像棒球场里的观众；它不像棋盘和比赛规则，更像下

棋时的韬略。

从来都不用怀疑，人类的每一项重大的发明都是改变我们生活的奇迹，它的功能要远远大于零部件的总和。比如，亚历山大·格拉汉姆·贝尔把两个小磁鼓连接在两个螺线管上，这些小小部件却创造了大奇迹：可以传递人类的声音。可是，就其本身来说，电话没有继续复制和提高自身。而互联网却能够并且已经做到了这一点。除此之外，互联网还会学习。它可以处理信息、调整信息、传递信息。它有记忆，也会忘却，并且不断地循环，以你能想象到的任何方式和任何方向不断地发展。

基于这些原因，我们来做个简单的类比：就如同人造泵和心脏、照相机和眼睛、合叶与关节，相信互联网和大脑也有类似性。事实上，我们应该相信互联网就是大脑。

也许你会觉得这种说法是荒谬可笑的。互联网是大脑？当说互联网是大脑的时候，并不意味着互联网就是那个三磅重的家伙，互联网正逐渐获得思考的能力。在你觉得这是在写一个 B 级科幻惊悚片的电影脚本之前，还是先看一下下面的解释，你想要明白为什么会认为互联网是大脑，必须首先明白这里是如何定义大脑本身的。

大脑的纸质模型

大多数朋友也许都是从《实习医生格蕾》和《急诊室的故事》中了解医学知识的，所以他们会认为大脑是一团黏糊糊的东西，这一点也不令人惊讶。实际上，大脑中 60% 是蛋白质，只有剩余的那部分是我们认为的灰质。我们只熟悉大脑的沟壑和左右半球，可以想象如果在候机的人们旁边悄悄地放上这样的一堆东西，大多数人应该都不会认出这是一个大脑。实际上，大脑十分柔软，几乎是胶状的、乳白色的，上面有深红的叶脉，其实说枣红色比深红色更确切一些。我们一般认为的僵硬的、灰色的大脑，那是大脑在死亡之后，没有了血液，这些经过特殊保存处理后的大脑所呈现出来的样子，对我们来说是毫无用处的。

不可否认，这种描述也是具有误导性的。按其思维方式，大脑与一

张大小适合书写法律文件的纸更为相似。这张纸代表了大脑的最外层，也就是大脑皮层。人类所有的思维的奇迹就是这里产生的。想象一下这张纸：很薄、长方形、（几乎是）空白的。在大脑形成的过程中，信息开始汇聚在这张纸上，好像在纸上印压出的布莱叶盲文。那些奇怪的组织就是神经元了，它们相当于是大脑的计算单元，用来储存和处理信息的。

可是，让人好奇的是，大脑的构造是如何连接信息的。想一下，你在纸上随意画几个点；然后想象在纸的两端各有两个点，它们彼此相距的十分远。如果你把这张纸揉成球状，这两个点的距离就拉近了。如果你反复揉这张纸，那么每一个点和其他任何一个点都很接近。现在你真正的认识大脑了：它是绝对强大的，因为它能够使完全不同的信息连接起来。它可以迅速产生交流活动。可是不管怎么说，我们必须要相信大脑的反应速度其实是并不快的，至少是无法和计算机相比的，可是它可以把信息一股脑儿紧紧地塞进我们的脑壳里面，就像揉成团的纸，以此来弥补速度上的欠缺。

从运算的角度看，人类的大脑是一台相当复杂的并行处理器。与串行计算方式一样，事情的发生都会遵循一定的顺序，一件事情先发生，然后下一个，之后就是再下一个，在并行处理中，一些事情同时发生。脑科学家称之为分布式计算，意思就是说，因为大脑的功能分布在各处，所以事情可以同时发生。

大脑是一个普通的器官，和身体中间部位的胰腺和肝脏没有什么两样。如果抱着这样的想法，对创造人造大脑的这一想法来说是一件好事。正是大脑的普遍性让我们大胆预测实现一个智能互联网的可能性。大脑是很神奇的，可是对很多哲学家、科学家和一些互联网巨头来说，我们想要实现机器思维这个想法已经不是什么问题了。

我们不难发现，互联网和大脑在结构上是十分相似的。互联网是一个巨大的存储和检索系统。实际上，它比大脑还小、还笨拙（神经元和计算机相比，并不是简单的大小与重量的比较），可是两者的基本结构大致相同。大脑具有神经元和记忆力；互联网有计算机和网站一样，这些网站通过以太网电缆和超链接相连接，而大脑则是通过轴突和树突来进行传输各种各样的信息的。

事实上，也许一个事物和另一个事物看起来十分相像，可是我们是绝对不能把它们进行类比的。火车站的调车场看起来很像大脑的网络，可是这两者不能类比。然而互联网却和大脑极具有可比性。

互联网实际上是两项发明相结合的产物。一项发明是电报，也就是电话的前身，它使得信息通过电子手段进行传递。随着电报的出现，不论相距多远，或者地形多么复杂，人们都能够即时交流。当然在现在的社会，这种技术对我们来说早就不新鲜了，可是在驿马快递的年代里这是难以想象的。

另外一项发明是计算机，它可以处理信息、储存信息。在计算机出现

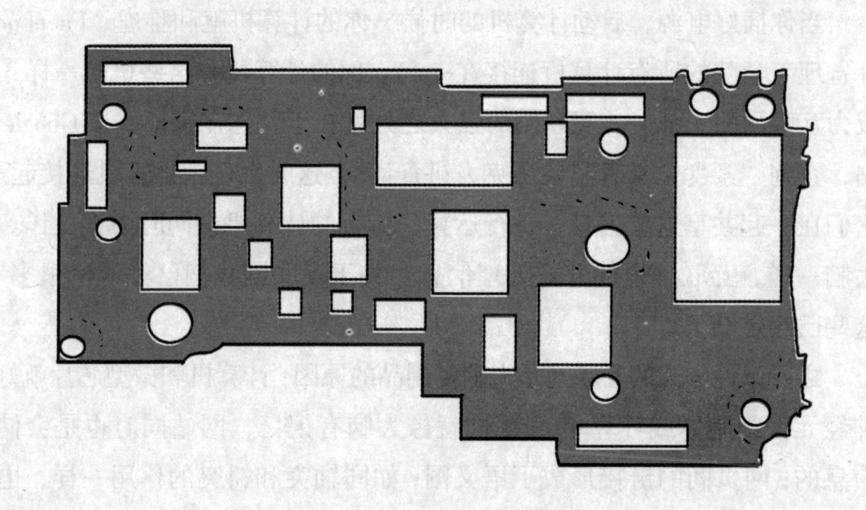

以前，人们借助计算机来处理信息，然后再把它们一一的写在纸上。在计算机出现以前，想要进行复杂的计算，那种就算是用最简单配置的笔记本也毫不费力的处理，那简直就是痴心妄想。如果是有价值的或者是大量的信息。比如，一本书的手稿需要储存，那么最好的存放位置就是床垫底下或者储藏室。

人类的发明总是会给人类的生活带来便捷，不论是电报还是计算机的出现都帮助我们解决了很多难题，没有人会想到，这两者的结合又给人类创造了更新的机遇。互联网就是这两者结合的产物。现代的互联网不过是一个计算机通过电报线（或是我们现在说的电话线、宽带、电缆）连接一切的网络。一开始只有两个连接位置，慢慢发展为数千亿个。这个貌似简单、实则强大的结合使我们能够存储、处理和传递更多的信息。

当你插好电源，启动计算机的时候，你的计算机就和雅虎、Facebook、麻省理工学院的所有计算机连接在一起，你的计算机和这些机构一样，也成为互联网的一部分。互联网的强大之处就在于，你在家里登录 Google 网站，查询“素食主义者坚果巧克力饼食谱”，这时数亿台计算机连接起来，它们在一起共享这些信息，进行运算，所有的计算机会同时为你工作。和大脑一样，互联网也能并行处理信息。关于互联网我们已经谈论很多了，这些已经足够了。

之所以说今天的互联网是大脑复制品的原因：计算机和微型芯片就好比神经元（细胞体或计算单元）；这就像大脑有记忆，网站同时也是会储存信息的；网页间的链接形成了语义图；如同轴突和树突的作用一样，电话线将信息传输到各个区域。

人类大脑有 1000 多亿个神经元。大约再过 20 年，互联网连接的计算机的数量就会达到这个数字，这绝对是一个不争的事实，在不久的将来，互联网一定会接近大脑的复杂程度。这样试想一下：几十万年的进化才使得人类大脑发展到今天的复杂程度。互联网将在几代人的时间内接近这个水平。我们将在网络空间经历一次生物发展的复制过程，好像互联网就是一个生物的大脑。更加确切地说，我们不仅要复制大脑本身，而且要复制它的副产品：思维。

当莱特兄弟第一次飞行的时候（直到莱特飞行器真的升空飞行时，大多数人一直认为这是一种疯狂的行为，可是即使在这个时候，大多数人仍然认为它不过是一场特技表演，从来没有人会把它与飞行器联系在一起），他们的本意并不是要制造一只鸟。毫无疑问，一些发明者认为发明一只“大鸟”是制造飞行器的必经之路，可是实际的情况不是这样的。莱特兄弟运用的是飞行原理，而不是借用一只野鸭或者蓝松鸦的身体造型。那些早期关于飞行尝试的新闻报道并没有大呼小叫、引以为奇。“是的，这些东西变得越来越像野鸭。好像他们几个月后就会设计出完美的嘴部，明年就会有完美的尾部羽毛。”事实上，飞行的本领是鸟类的专长，可是人类打算按照自己的方式实现飞行。在现在看来，人类确实按照我们的想法实现了飞行，并没有复制自然界赋予鸟类的这种特长。

智能互联网也是一样。飞机看起来不像鸟类，同样，互联网看起来也不像大脑。它也不像人类行事。

在这里我们需要对人工智能这个说法提一个重要的

意见。这个说法起源于20世纪50年代，一提到这个词，人们就会联想到机器人。可是当我们的“思维机器”制造出来的时候，那种智能不是“人工的”。虽然说机器是人工制造的，可是机器人的智能确实是真实存在的。人工智能这个说法弊大于利，还是不用为好，所以在这本书中，你找不到“人工智能”这个词。这样想一下：一个老人安上了一个人造髋关节；髋关节是人造的，可是行走的能力是真实的。就好像是互联网所显现出的智能。

如果你还记得第一架莱特飞行器比今天的波音747飞机飞行的距离短得多，那么到那个时候你一定会赞成这个观点：当我们确实实现了智能互联网时，它起初的规模一定很小。可是从那个时候开始，你将会看到商业的繁荣，数十亿美元的价值被创造出来，就好像今天航空业的繁荣。

★脑与商业

没有人能预知得到互联网之后50年的发展情况。可是它未来10年至20年的发展还是可以想象得到的，它的发展将会建立在脑科学的理论基础之上。当然这个行业的其他竞争者也预见了这一事实。Google的拉里·佩奇和谢尔盖·布林在斯坦福大学学习人工智能，师从特里·威诺格拉德，他是计算机领域最杰出的权威人物，并且他把所学的专业知识都付诸实践，成立并且发展了他们的公司，这一切绝对不是巧合就能解释的（实际上，Google的第18位员工就是一名脑外科医生，他后来成为Google的营运主管）。

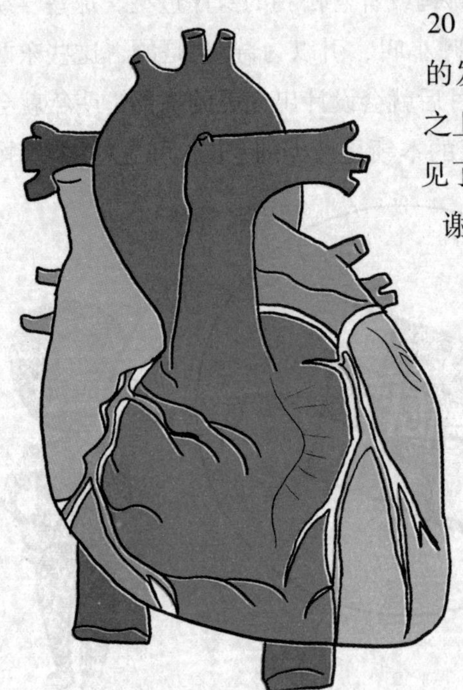

脑科学知识是其他大多数互联

网企业亚马孙、雅虎、Google、微软和 Facebook 的秘密发展策略，不过没有人会相信这是一个巧合。这就是这些公司的员工中有来自斯坦福大学、布朗大学、麻省理工学院和哈佛大学的脑科学家的原因。事实上，最成功的互联网公司都直接或间接地以一个信念为前提，也就是互联网将在未来的发展中越来越像人脑。

这种现象的发展十分迅速。10 年前，没有人会想到软件程序会由无数独立的程序员在世界各地设计和实现。可是事后来看，这就是 Linux 操作系统的成功，这个资源开放的操作系统不是由一家公司开发的，而是由数百万用户共同参与开发的。5 年前没有会想到，一部维基百科全书会由数百万的参与者不断补充而发展，并且仍然保持其独立性。可是这样的事情现在就发生在维基网上。同样，在未来 10 年，各种游戏、家具、社区和普利策奖小说也会以同样的方式来补充和完善，这也是非常正常的，并不足以为奇。

没有人会相信虚拟社区在网络空间里会繁荣发展到现在的程度。可是，如果互联网像人脑发展，由数百万人共同作用来促进它的发展，那么这就

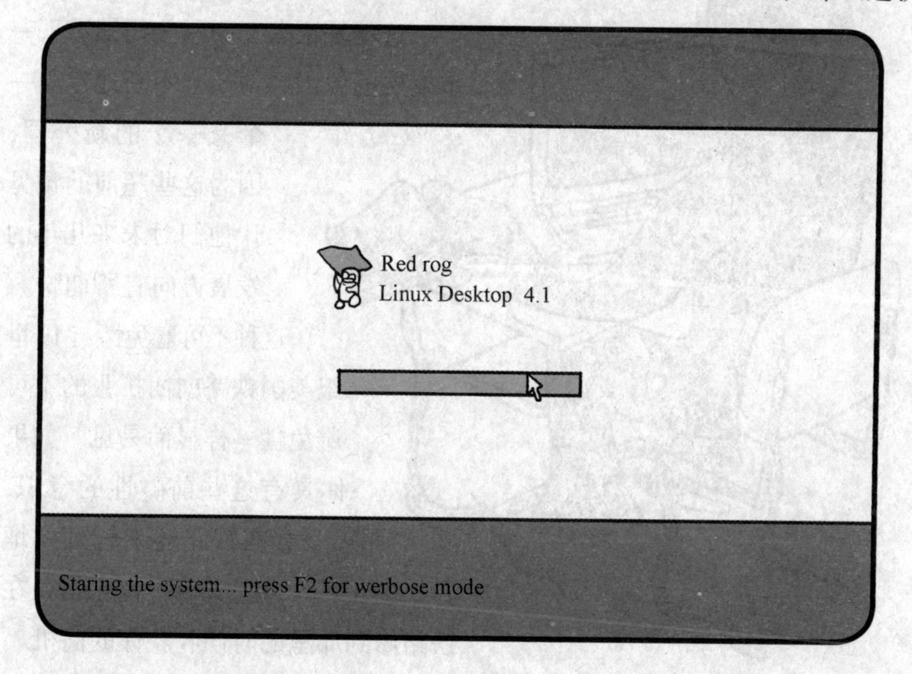

是创造繁荣的完美环境。这些是刚刚起步的互联网的智能行为。在商业世界中等待互联网像人类行事，或是认为如果没有某种机器人把马蒂尼酒端到桌边，就无法创造思维的人，将会错失这些机会，甚至会错失更多。

基于这种洞察力，很多互联网公司已经创造了数亿美元的价值。这种洞察力让研究人员研发出了一种称为词网的基于互联网的技术，它是现在Google广告系统的构成基础。正是这种洞察力让人们可以接触到“大脑之门”，这项技术就是在人的大脑中植入计算机的芯片，由此就可以轻松地实现人机连接了。

当然，这种洞察力将会在未来帮助建立起更具有价值的企业。你一定会问为什么？因为只要你开始认识到互联网是一个大脑，你就一定能在某种程度上预见它的未来。在莱特兄弟的首次飞行之后诞生了很多的航空公司，它们中的大多数最后都倒闭了，可是飞行技术却在不断地发展。现在我们看到了同样的现象，一个新兴行业同样面临成长和成长中的痛苦。当然，这次的我们面对的对象不是飞行机器，而是人类的思维机器。

这就是很多互联网公司知道下一步发展的原因，他们会不断地建立一个又一个的新公司，因为这些超前的预见让他们对未来几年的发展方向有所期盼。这种不可避免性与19世纪美国铁路向西扩张的不可避免性一样显而易见。如果你具有这些前瞻性的意识，那你就会在铁路还未铺到的地方建立起一座仓库和一座水塔，在铁路修到那里的时候收获你的商机。

几个大胆想法

这些大胆的观点，你一定会有所怀疑。未来的互联网发展一定会使你相信这一切的预测都是正确的。在这里提到了一些不同寻常的观点，它们不是常规的思想。可是，如果你打算以全新的视角认识互联网，全新的方式思考互联网，那么这些观点一定会对你有所帮助。下面就是这些不同寻常的观点：

互联网是一个大脑。在这里的意思是，互联网不光是智慧的反映，实际上它清楚地显露了智慧。这是因为互联网已经发展了（和计算机不同），它具有很多与大脑相似的基本结构和功能。你也许会争辩说，“是一个大脑”和“像一个大脑”仅仅是语义学研究的范畴，可是不管你同意哪一种说法，你都会更好地去认识互联网。

人类的大脑其实是很笨拙的，可是那刚好是它如此聪明的原因。互联网和强大超级计算机不一样，它建立在许多的弱点之上，而这些弱点刚好产生了人类智慧。像人类的思维不是源自制造更强大的计算机或者增强人工智能上，它只不过是源自于一个网络途径，它模仿人类思维的弱点。

我们经常说的科技史其实并不是一部真正的历史，它仅仅只是见证了科技发展的一个过程。按照达尔文的观点，就是由一种机器替代另一种机器成为主导。互联网的历史又向前发展了一步：它的发展实际上是人类大脑进化过程的延续。

虽然说大脑是一台糟糕的计算机器，可是它却是一台高效的预测机器。也许你会觉得人类大脑在计算数学方程式的时候还不如最基本的计算器快，可是这只是一个方法，并不能够说明所有的问题。比如，它不需要计算准确的抛物轨迹和速度，就能很轻松地判断球的落点。大脑的功能和计算机很不同，可是却和互联网的运作方式很相似。

正如人类智慧不断更新记忆和观点一样，互联网也是一台为了毁灭而创造的机器。创造性毁灭正是万维网发展的推动力量。

其实语言并不是人类专有的特性，语言也是互联网上最普遍、最重要的工具的核心：搜索。

互联网将会崩溃，这是不可避免。可是，在经历每次崩溃之后，互联网都将变得更好更强。事实上，在一定的程度上，所有的网络都会停止大规模的增长，可是，它们却同时增长了智慧和力量。同样的，在童年时期，人类就失去了婴儿期间增长的大多数神经元。结果是人的大脑继续缩小。可是，在大脑中神经元数量日益减少的同时，人类却变得更加富有智慧。

从人的意义来讲，互联网也许永远不会“有意识”，（谁会需要它呢？）可是它可以（已经会）创造一种集体意识。仅仅是这一点在就已经在很大的程度上说明了互联网是一个大脑的成功。

现在，思维机器这个想法对思想家和科学家同时产生了巨大的影响。这其中包括神经学家，他们可以运用精湛的技术和先进的设备解剖大脑；心理学家，他们开始了解源于大脑的行为；语言学家，他们认识到思维是如何转变成我们称为词汇的

符号；进化科学家，他们尝试进入一个全新的计算机科学领域：基因算法；计算机科学家，他们正在研发机器和算法来模仿思维；科技的发展会越来越让你坚信，真的是一切皆有可能。那些研究人工智能的天才科学家们，他们正在专注于一项伟大的研究：让机器拥有真正的思维。

还有一些脑科学家，他们既是大脑研究领域的专家，也是思维哲学领域的权威。比如，丹·丹尼特和吉姆·安德森。丹尼特被认为是现今最伟大的哲学家之一，他在一系列开创性的研究中探究了有关思维的很多问题。安德森是布朗大学的首席脑科学家，致力于制造基础的机械装置。他们开创性的探索与研究也为这本书的很多观点打下了夯实的基础。这些深刻的思考、清晰的假设是他们的智慧。

当然，这些杰出的思想家还没有达成共识。这里只是作了更为肤浅的陈述，没有进行更深入的探讨。丹·丹尼特在《意识的解释》一书中指出："没有人能把所有的问题说清楚，包括我，每个人不得不思索、猜测，说不清问题的大部分。如果我书中的观点没有阐释清楚，不是我不想努力说清楚，就让这个说法作为我的借口吧。"

也许存在很多种说法，也有迥然不同的意见，可是，在这个新兴的脑科学技术世界里面，我们发现，所有观点最终都集中为一个，那就是一台思维机器的出现如同第一架飞行器的出现一样不可避免。这种新获得的智慧将会影响我们生活的各个方面。

商业人士一定会在这本书中获益匪浅。因为商业是社会的一个领域，如同莱特兄弟第一次飞行后带来的商机一样，这些开创性的观点将会引领一个行业的发展。大多数商务人士从没有听说过阿兰·图灵或者是约翰·冯·诺依曼这样的开创者，更不要提吉姆·安德森和丹·丹尼特了。大多数人从来不会关心什么是分布式计算，也不知道知道这个世界上会有众多的互联网公司兴起又衰败的现象的意义。

经常听到人们在谈论互联网，谈论它的服务器、个人计算机、软件、超文本标识语言和以太网。当然还有其他谈论关于商业的事情，比如，谁在 Google、雅虎或其他网站上搜索排名第一。可是，只有少数人退一步深

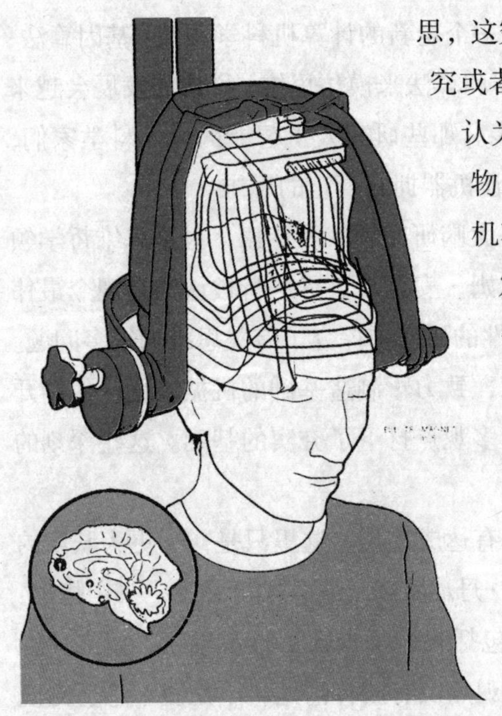

思，这究竟意味着什么？这些少数人是研究或者至少了解互联网脑科学的。我们认为互联网不只是电信行业的最新事物，就像一些人认为飞机不只是蒸汽机车中的最新事物。互联网的存在与发展是革新性的，它存在于人类身体的外部，是我们见过的第一个真正的人类大脑的复制品。

那这种深刻的认识将如何为你带来竞争的优势呢？比如，这种认识如何帮助你做好网站，优化你的网络广告系统，防止黑客入侵你的网站从而导致利益的损失。可是，更为重要的优势在于这种认识给予你洞察力，它赋予你能力，使你可以在现今的商业大潮中抢占先机，建立一个全新的商业模式，让其他的企业望尘莫及。

解构与重构的互联网

在互联网发展史的前商业化时期（1967年至1989年），互联网的主要功能就是为人类服务，帮助人类进行基本的通讯，比如，Email和电子文件传递，使用者基本局限在科学界和大学的校园。20世纪90年代初，随着通用浏览器和各色网络的相继出现，先是公共网络信息服务，然后是商业网络信息服务都接连出现了不同程度的大爆发。互联网更是成为了一个主要的全新的信息媒体，而原来作为通讯媒体的功能反而退居其次了，或者说二者合而为一了。面对数以千万计的网站和浩如烟海并且仍在急剧扩张的信息海洋，还有那些漂浮在这海洋之上的五花八门的服务，不论对网络用户还是对网络服务商来说，都是一个极大的挑战。对亿万普通网络用户来说，如何简单、方便、自然和高效地找到自己感兴趣或者可能感兴趣的信息和服务，是一个痛苦的过程。在很长的一段时间里，这甚至是一个对用户智商和技术学习能力的挑战。对于网站运营者来说，如何让

自己的服务被肯定感兴趣或者可能感兴趣的用户找到，也绝对是一个生死攸关的问题。靠广告、公关和所谓事件营销这些传统手段的话，不仅成本非常的昂贵而且收效也很不好，没有多大的作用。一边是无穷无尽的信息供给，一边是千奇百怪的个人化需求，如何使供需双方以最佳方式结合起来，这永远是互联网行业面临的最严峻的挑战。正是这一挑战，催生了互联网发展史上的第一次解构与重构。

一、门户：互联网的第一次解构与重构（1995年～2000年）

杨致远和他的合作伙伴创立了雅虎网站，成为互联网第一次解构与重构的代表。开始，他们只是把网络上的各个网站的网址按一定的分类方法罗列，方便用户查找。曾经有一段时间，仿照电话黄页的网络黄页网站及其印刷品风行一时，可是很快就成为了过眼云烟。很快，这种分类方法延伸到了对网络内容的重新组织。获取外来信息的使用权，然后混合以自己生产的内容，经过编辑的人工选择，再按类别和层次逻辑组织好展示给用户，这就是很多人口中的门户模式。

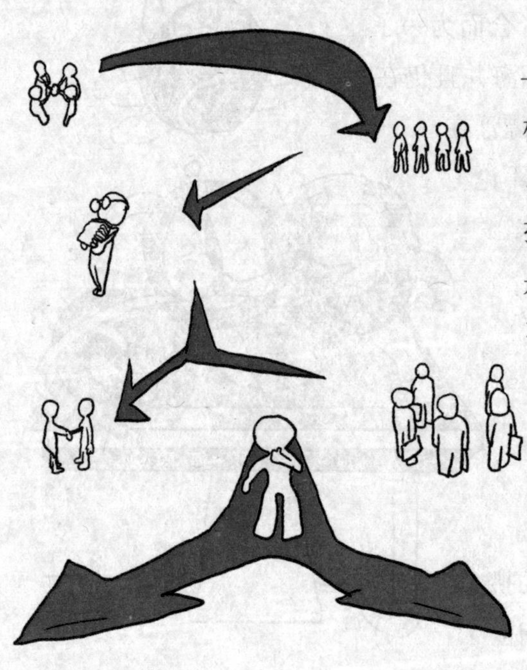

对以前的网络信息服务进行一次根本性的解构正是因为门户模式的出现。在版权意识比较薄弱的中国，门户的大一统方式被推到了极致。过去，传统媒体都是独立作战，各有各的阵地，各有各的风格与编排。就算你做了自己的网站，可是原有的结构仍然是保持不变的。而在门户模式里面，一切内容都按主题重新排队，被归类到各个频道之中。传统媒体的品牌湮灭了，风格消失了，结构瓦解了。

对无数的网民用户来说，这样的解构与重构无疑是一次大的解放。人们再也不必为了读一篇文章而去买一份杂志，为了看一条新闻而去买一张报纸，为了保存一份资料而去买一本书，为了看一个电视节目而在某个固定时段守在电视机旁。同样，人们也不会因为没有买到哪本杂志、报纸、书籍或某个时段没看电视而失去获取某个资讯的机会。一切最新的新闻资讯都在这个门户之中，供人们在自己方便的时候获取。

门户模式不仅解构了传统媒体长久以来的服务模式，而且重新定义了信息服务。门户不仅提供新闻，而且提供资讯、娱乐、商务、通讯和互动服务。只要是现实的生活中能够数字化、网络化和商业化的信息，都可以成为门户猎取的对象和服务的种类。只要有足够多的用户喜欢，门户就会把相应服务囊括在其中。所以，门户不再是传统意义上的媒体，而是一个丰富多彩的全面网络生活平台，新闻资讯传播只是其中的一种服务而已。对传统媒体更具有杀伤力的是传统商业模式的解构和新型商业模式的重构。门户所提供的所有服务对用户都是免费的，那么运营商要从哪里获取利益呢？当然是最原始的途径，那就是广告。门户运营者通过广告客户获取收益。海量的信息带来海量的用户，海量的用户带来海量的广告收入，这就是门户模式的全部秘密所在。

在以雅虎为代表的门户模式（在中国是新浪）确立之后，带动了一批所谓垂直门户和特色门户的产生，其差别无非是主题更突出些，用户群特色更鲜明一些而已。就门户的基本模式来说，是没有本质的区别。

门户模式的成功是以传统媒体的没落为代价的。可是对于中国而言，稍微有一点讽刺意味的是，我们的许多传统媒体在门户模式已经确立了十几年之后的今天才如梦初醒，意识到互联网的厉害，不约而同地提出了所谓全媒体战略，在坚持原有媒体阵地外，同时做内容的网络版、手机版、视频版。问题在于所谓全媒体战略只是传统媒体的原有内容和结构形式的转移，从网下转到了网上，既没有对过去的解构，也没有对未来的重构。我们基本上可以断言，这些虚有其表的所谓的网络战略，除了多少可以学习一些网络服务技巧，增加若干成本之外，只能是没有任何出路的国学为体、西学为用战略的21世纪新翻版。

一直到2005年，不论按什么指标，雅虎一直雄踞世界第一网站的宝座。同样，新浪也一直是中国互联网业的老大。随着互联网技术的飞速发展，所有的变化都是日新月异，网民数量的高速成长和网络信息与服务的增多，门户模式的弱点也就开始逐渐暴露了出来。首先，随着互联网侵入了社会生活的一切方面，让试图涵盖全面网络信息的门户模式不堪重负。页面结构凌乱复杂，内容堆砌毫无章法，用户体验更是毫无质感，简直就是一塌糊涂。比如，在中国门户鼻祖新浪的首页上，光导航条就有63个频道，页面长达11屏，新闻和广告条目超过了600条。就算如此，谁都不敢肯定这个首页覆盖了网络资讯的所有方面，也不能说它集中展现了最新最重要的新闻资讯。其次，随着门户体积的膨胀，信息传播效率急剧降低，用户使用成本急剧提高。没有被放在首页或者频道首页的资讯乏人问津，而用户要找到自己想看的信息，往往要做出多次点击。最后，也是最重要的，门户模式并没有从根本上解构传统媒体，还是信息拼盘、编辑选择这一套，完全不能满足海量信息的有效组织和用户个人化的长尾需求。

今天，门户模式虽然仍然是互联网业的主流服务方式之一，可是早就已经成为强弩之末，无力回天了。不论是用户量还是收入额都陷入了低速增长甚至是负增长的局面。在网络创新、引领产业潮流方面，门户也早就已经退出了领军者阵容。

二、搜索：互联网的第二次解构与重构（2000年~2005年）

虽然在互联网发展史上，搜索和门户差不多同时起步，可是从确立强大的信息整理方式，找到新型商业模式，并成为用户寻找信息的首选等因素来看，互联网的第二次解构与重构的时间标志点应该以谷歌服务模式确立和公司上市为起止点。

搜索模式将门户模式进一步的解构，不再纠结于一篇文章属于什么主题，该放哪个栏目这种传统媒体的编辑方式，而是采用一步到位，直接聚焦于构成一篇文章的各个词语，任凭用户查找。搜索与门户模式相比，有很大的不同，搜索绝对是名副其实的高科技。也更加受到网民的欢迎。将世界各种文字的网页找到并且下载下来，然后将网页上的词汇适当分词，通过一定的数学模型赋予适当的权重，再有序地排列起来，简单方便快捷免费地供给全球亿万网民使用，不可否认的是这是一次令整个互联网震撼的网络信息革命。对于用户来说，只要你知道你要找的是什么，就可以在谷歌上面轻松地找到，比起门户模式，效率提高了很多。不仅可以找到直接查找的内容，而且可以无限地查找获得与之相关的内容。对搜索引擎运营商来说，为各种主题词配置相关的广告，也使得谷歌一跃成为世界最赢利的网络公司。并且谷歌也没有故步自封，而是把搜索的范围

从过去门户时代狭隘的新闻资讯扩展了出去，将更多的信息以更具有创意的形式供给用户使用，比如，谷歌地球，街景，人体模型。从 2005 年开始，谷歌就成为世界互联网业的领军公司和主要驱动力。

搜索引擎模式完成了互联网上的第二次解构和重构，可是也留下了一些死角和空间未能填补。首先，搜索引擎是一个标准化的服务，任何人用同一个主题词进行搜索，所得到的结果一定会是完全一样的。同门户模式的弱点一样，它无法对用户进行个人化、个性化的精准服务。虽然近年来谷歌也在大力推进这方面的探索，不过到目前为止还没有什么让人值得称道的重大突破。其次，谷歌虽然希望以全部网络信息为搜索对象，可是其基础方法论还是局限在网页形式存在的信息方面，并没有更好的方法去帮助人们捕捉以非网页形式存在的大量网络信息，比如，网络环境、人际关系以及动作和状态等的相关信息。从趋势上看，互联网上非网页存在的信息在增长速度上面大大超过了网页形式存在的信息，所以，谷歌在网络市场上的份额也会在未来逐渐缩减，当然随之市场份额的缩减，在互联网的地位也会逐渐地下降。最后，以 Facebook 为代表的 Web2.0 平台兴起，用户数量与日俱增，市场份额逐渐加大。出于保护用户隐私的考虑，这些平

台全部或局部禁止谷歌搜索。所以，从目前的理论上来看，谷歌无法继续坚持目前的定位，仅仅是以全部网络信息为搜索的对象，而只能局限在部分网络信息搜索上。

三、Web2.0：互联网的第三次解构与重构（2005 年～2010 年）

从宏观上来说，门户模式和搜索模式这两次互联网的解构与重构在对象上都是一致的，那就是对漫无边际的网络信息进行打碎重组，只不过是用不同的方法而已。互联网的第三次解构与重构却把方向转到了信息生产者和使用者这一方。因此，这次被称为 Web2.0 的革命比前两次来得更为深刻，当然也更加彻底。不少外行人把这次革命仅仅看作是一个局部创新，把 Facebook 这样的崭新平台称为社交网站或者 SNS 服务，完全没有看到或者忽略了其中的革命意义。当然，引领这次革命创新者初的检验，不断发展和完善自己的互联网平台，使其潜在的革命性不断地体现出来。也不是针对网络世界的解构和重构，它在若干年中不断地进行摸索，经过了时间以及实践。

在现实的世界中，一个信息生产者（个人、媒体或公司等）在信息生产出来后，总要依靠某一种渠道、环境或者方法将信息送到信息接收者那里。其中部分信息被接收后，信息的接收者就又变为信息的生产者，将反馈信息再送回去，这样就产生了信息的连续不重复传播。如此反复，就构成了一个比较稳定、有效、防噪音、自动过滤的信息网。不同的信息网由不同的人群组成，自成风格，各具特色。它们也可以选择自己喜欢的形式，可以是封闭式的，也可以是开放式的。Web2.0 基本仿照了这个现实社会的行为逻辑，在互联网上加以抽象和标准化的复制。起初，平台为每个人（或企业、机构、媒体）创立一个自我网络生存空间，具备自我描述、安全和表达的能力。之后，每个人可以引进自己现存的社会关系或者建立新的社会关系。下一步就是要平台提供信息广播、互动、状态和行为跟踪等功能。最后，平台向第三方各种各类网络服务开放，也向其他的网站开放，网络用户可以方便享受任何网络服务，也可以在网络世界自由的往来。虽

然这种网络仿生学的进化过程目前还远远没有达到理论上可以达到的完美程度，可是其巨大的革命性已经充分体现了出来。

Web2.0 与以往任何一次的互联网的解构与重构的思路都是完全不一样的，着重在用户群的解构与重构。经过现实社会过滤和筛选之后，由真实的个人和真实的社会关系组成的。信息网络自动承担了网络信息的选择、过滤、传播和互动任务，使得信息与用户之间的相互匹配过程更加自然，更加精准，更智能，更高效。其次，由此而来的信息网络因为用户之间信任度高，磨合时间长，使得它不仅仅可以承担一般的信息传播功能，还是其他网络行为的承载体。由此形成相对稳定的用户行为模式，可以使平台运营商通过建立网络行为的数学模型，更加精准、智能、个人化、个性化地向用户推送更可能为用户所接受的商业广告和网络服务。最后，由于 Web2.0 平台集聚了许许多多的真实用户，从而实现了互联网历史上第一次大分工。

若干个平台运营商和无数的应用服务商共同组成了新的产业链，提高了网络服务的专业性和服务效率，大大地提升了用户网络生活的质量。在此之后，网络生活发生了翻天覆地的变化，颠覆了以往用户追着信息跑的情形，而是信息朝着用户来的新局面。如果拿现实世界做比喻的话，过去我们是飞到广州买荔枝，飞到成都吃川菜，飞到新疆找羊肉串。虽然东西都得到了，可是东奔西走的很辛苦，而效率低，成本太高。

如果我们现在是聚集在一个城市里的，当人口越来越多达到一定的规模时，经营荔枝、川菜、羊肉串的服务商就会找上门来，围着我们做生意。所以，Web2.0之所以被称为网络革命，就在于以往Web1.0时代的网络服务颠倒了商家与客户的关系，现在被颠倒了回来。过去是商家不动就有生意可以做，轻松的就可以忽悠用户上门；可是现在就不同了，用户不用动，只需要等着商家送货上门就可以了。二者相比，高低上下，不言自明。

现如今，Facebook已经有了6.3亿活跃用户，55万种网络，200多万相互连通的网站，而且各方面的增长势头不减，可以预见一个巨大的网络地球正在逐渐地形成。

在告别2010年迎接2011年到来的时候，可以肯定地说：门户模式已经日趋没落，搜索模式还是如日中天，而Web2.0模式则代表了未来。

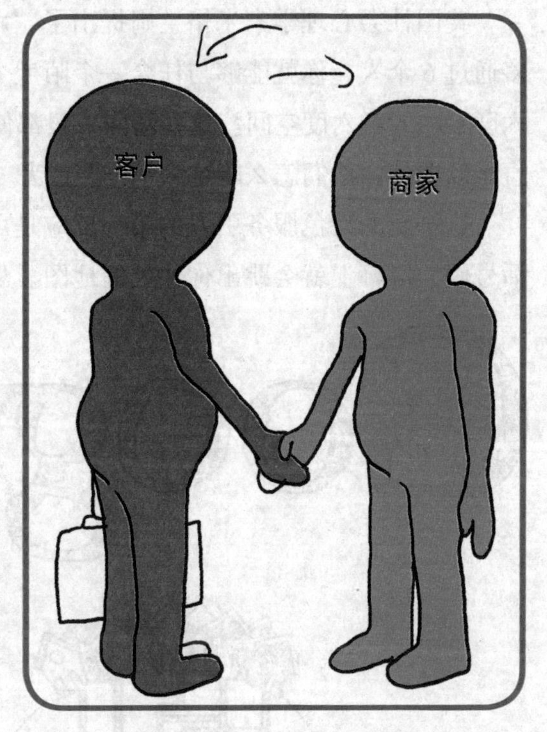

互联网的革命在不断地上演，互联网的三次解构和重构，在一定程度上造就了一批互联网公司的成功，可是也淘汰了更多的没有远见者或者是不识时务者。不论是业已成名的网络公司，还是刚刚创业的新公司，如今都面临着一次重大的战略抉择。

搜索你

你可能永远也不愿意相信，Google 知道我们住在哪里。你知道吗？还有更神奇的，无论是谁，只要有人问它，它就会告诉人家我们的地址！

美国社会心理学家米格兰姆提出了“六步分离”的理论。他认为，最多通过 6 个人，你就能够与任合一个陌生个体建立联系。它也经常被译成六度互联或者六度空间。这些新闻一般都使用一些醒目的标题，比如，“简直难以置信，他们怎么能这么干？”或者“我的天哪，你知道吗？”

这个新的特色服务引发的第一反应是可以理解的。只要你输入你的电话号码，屏幕上就会跳出你住处的地图。从来没有遇到过这种事的人第一反应很自然就是：天啊，他们知道我住在哪里！对这个被称作反向地址解析的简单东西的恐惧，值得我们进一步去考虑。

在我们的社会中，反向地址是合法的。地址和电话号码被认定是公共信息。除非住户要求不要登记他的电话号码。在生活中为了保护自己的合法权益，我们非常希望将我们的地址保密，可是我们还是没有办法做到这一点。当然，你还可以采取一些其他的措施避免人们将你本人同你的住址联系在一起。通过电话号码查询地址也是合法的，记者、警察和私家侦探总是会这样做。

虽然这些都是公共信息，可是能获取这些信息的人还是太多。直到Google和其他服务商开始在电话号码和地址之间建立数字化的联系之前，公众还是可以放心地认定进行反向地址解析是非常困难的。并且，只有那些拥有社会公开允许或者默许的人员和机构，比如，执法人员或者新闻工作者，才会花时间去做这件事。

美国社会建立在这样一个开明的并且有一点令人激动的观点的基础之上，它就是：公众具有知情权。按照最初的意愿，我们的政府也应该或多或少以公开、透明的方式运作；而法庭也要秉承公开的原则：除非法官另有裁决，每一桩离婚或者谋杀案件，重罪、轻罪甚至是违章停车的罚单都应该接受公众的监督。

当我们知道自己有权查看这些信息，还算是一件让人放心的事情，然而知道我们中很少有人会查看这些信息也同样让我们放心。毕竟，不管你多么渴望知道某个私生活看起来清清白白的同事是不是离过婚，或者是否曾经被指控在服用过酒精或者催眠药物后驾驶，你一定不会愿意浪费一下午的时间到县政府大楼的地下室去搞个明白。就是因为获取这些信息太费劲，所以它们才得以保持沉默。除非在某位新同事到来之前，办公室的小隔间里已经流传着有关他的小道消息，否则一般人是不会在某位新同事被介绍给自己的时候产生以上疑问的。

可是，如果现在获取这些信息就像在Google里输入这个人的名字一样简单了呢？而且，在很多的情况下也已经是这样了。如果你隔壁小隔间的同事确实打过一场沸沸扬扬的离婚官司，而且这个官司被报纸报道了，又或者案子只是被记录在民事诉讼案件的电子档案中备查，那么很容易就能找得到它；又或者他刚刚抛弃了他的妻子，他的前妻又刚好有一个博客网站和一腔怨气，结果他们之间的争执都被放到了网上，变成了网络空间里的一条永恒记录；又或者你的同事曾经受到过某行业组织的严厉处罚，这个处罚决定被写进了该组织发布在网络上的月刊通讯当中。

马克·莫汉就遇到了类似情况。他一直居住在洛杉矶，是一名注册会计师。他用Google搜索了自己的名字，结果他对自己看到的信息十分不满意。他为了满足虚荣心而进行搜索，可是在搜到的结果中却找到了加利福尼亚州会计事务管理委员会某张网页的链接。根据这个网页对他的记录，他曾经受到过行业处罚，而他否认了这个说法。为此，莫汉起诉了Google、雅虎和其他很多搜索引擎，不过舆论普遍认为他会败诉（至于理由，简单来说，不能指责传递信息的人）。其中的教训是很清楚的：在别人的眼中，你就是索引里说的那个人。如果你不喜欢，那就改变索引吧。奇怪的是，所有被莫汉起诉的搜索引擎都采取了这种办法。它们把那张具有伤害性的网页排到后面，而把莫汉有争议的个人资料排得更靠前。在Google的搜索结果中，“马克·莫汉”这个搜索项的相关结果中第一条就是一家叫作“律师太多”的网站上的一篇博客帖子。并且在这张帖子上，该网站的许多网友都在强烈谴责莫汉的诉讼行为根本就是小题大做。

网络上这类公众隐私纠纷的例子数不胜数。每一个曾经失去或找到挚爱的人都会知道，没有比搜索一个人更具有震撼力的搜索了。以17岁的奥瑞·斯坦曼为例，他把自己的名字输入了谷歌，结果发现自己的母亲在他蹒跚学步的时候绑架了他。当时，他还一直与母亲生活在一起。一直到他知道在争夺监护权的纠纷中，母亲输掉了官司，所以才会带着他从他们加拿大的家逃到了加利福尼亚。在加州母子二人相安无事地生活了很多年，直到斯坦曼做了一次满足虚荣心的搜索，才发现他的父亲已经找了他近15年。在这次改变命运的搜索之后，斯坦曼将一切都告诉了他的中学老师，而老师又把这报告给当局，他的母亲因此锒铛入狱，从此以后，斯坦曼都不愿意再同自己的母亲讲话。

当然，搜索也可以翻出很多刺激的玩意儿，比如，加州圣迭

戈市的那件丑陋的离婚案件。根据《福布斯》杂志2004年8月号上的一篇文章，一对夫妇正在热火朝天地打着令人厌烦的离婚官司，却突然发现他们充满怨恨的离婚过程的每个细节都能在Google上找到，其中包括丈夫的收入、妻子对皮草的偏好，一些让人意想不到的细节都会出现在上边。离谱的是竟然还有丈夫再婚的打算。

一个简单的事实是：几乎每个拥有电脑的人都会使用Google搜索其他人。如果你是一个靠技术开发和运用知识谋生的人，或者更简单说你只不过是一个上班的小白领，你很有可能每天都会搜索个什么人，或者是某一个方面的知识。要工作面试吗？搜索一下可能的面试官。要和一个新人约会？搜索一下他，了解一下他的喜好如何。要不然你怎么知道他是不是被联邦调查局通缉的人。纽约市的一位女士就对拉肖恩·佩特斯·布朗预先做了搜索调查，她原本打算与此人在一家饭馆开始第一次约会，她搜索后发现这个人竟然是被联邦调查局通缉的犯人，发现这样一个重大的秘密，她毫不犹豫地向当地的警察局报了案，让警察们代替她去见了这个人并且很轻松的逮捕了他。

21世纪的搜索引擎可以说是无处不在，很快每个人都会用Google去搜索别人。要是有个人不存在于索引中的话，这意味着什么呢？这是不是代表他属于某个特定的阶层，要么太普通以致引不起搜索引擎永无餍足的网虫们的注意，要么就是太有钱所以有办法逃避它们？我们很难想象这样一个不存在于搜索引擎中的人，究竟拥有怎样强大的背景。当然他也会很快地被笼罩在神秘的气息之中。

对我们这些人来说，当务之急就是马上在 Google 上查一查自己的名字，动手要早，动作要频繁。既然现在认识你的每一个人都会这样做，那么赶紧看一下根据 Google 的索引你在这个世界上的形象是什么样的，这绝对是明智之举。在 Google 时代，每个新的关系都从 Google 开始。

我们应当怎么做？我们知道根据法律应该公开的信息现在变得真正公开了，就像是成为 Google 搜索结果第一页的链接这样的曝光形式。如果每一件与你有关的曾经被公开过的事情，从你二年级时在简报上被提及，到一位被抛弃的恋人图谋报复你的攻击，这一生都永远跟在你名字的后面，你应当怎么做？我们的社会是否应该立法禁止数字化信息的传播，而把“公开”的定义储存在一间发霉的职员办公室里书面信息？

事实上，在 2003 年底，佛罗里达州高级法院的确考虑过这个问题，不过最后还是对此采取了谨慎的态度。它决定暂时限制电子接口进入公共记录，可是将会在 2005 年的某个时候对此限令进行复审。很明显，这还是一个悬而未决的问题。

当数字化信息得以传播，并且通过搜索而相互联系的时候，出乎意料的挑战也就产生了，这挑战了我们预先认定却从未说出口的社会规范。像 Google 这样的搜索引擎创造了这个问题，并且将它公之于众，这就提醒我们，法律与我们习以为常的道德规范之间存在着激烈的冲突。如果人们知道我们的电话，我们不会感到不安，我们知道这是公开的记录。可是利用高科技，通过电话号码找到我们的地址、我们的家这个我们最珍视的地方，却超出了我们可以忍受的限度。也算是托搜索的福，我们现在面临着民主制

度最重要也是最复杂的问题：公民的隐私权同其他人的知情权之间的权衡问题，不管这个其他人是公司、政府还是另外一名公民。

许多鼓吹隐私权的人士担心，也许也根本与知情权无关，只是同知情的能力有关。1967年出版的经典科幻小说《地府》中，作者皮尔斯·安东尼想象出一个独裁的未来文明，在那里所有的知识都可以通过计算机实现共享。只是为了历史学研究的需要，这个社会保留了一大仓库的书，也就是传统的图书馆藏书架。为了揭露这个秘密，小说的主人公决定去查找这些书籍，而不是在计算机系统中查询。为什么？他知道如果他使用纸质的资料，没有人可以追踪他的行为，他就不会惊动当局。

事实上，在现在的社会，已经存在了储存个人身份识别信息的巨大仓库。可是，我们的文化现在还没有真正理解这些信息的深远意义，而且对于这些信息被滥用可能带来的伤害，可是我们还没有做好自我保护的准备。

搜索我

Google付出了十分惨痛的代价才认清了形势。2004年，Google推出了试用版的Gmail，这个新的电子邮件服务大肆宣传自己的超大容量1G。Google满心希望这个新产品会受到欢迎，毕竟微软和雅虎提供的电子邮箱的容量只有区区的10兆，如果你想要更大容量的邮箱，它们就会向你收取相应的费用。Gmail充分利用了其核心资产，它的技术基础设施完全重写了电子邮件市场的游戏规则。更不用说，Gmail还有一个像Google那样的搜索界面，这个界面的性能比竞争对手们的都要好很多。

可是，Gmaili不但没有带来预料中的如潮好评，还引发了Google历史上第一次大规模的公关危机。这是为什么呢？那就是隐私。Gmail利用Google的AdWords技术，在用户的电子邮件内容旁边放置广告。现在，在电子邮件里面加广告当然不是一个新的创意，雅虎和微软都在这样做，而且电子邮件用户对广告已经是见怪不怪，把它们当成是使用免费邮箱的代价。可是Gmail却在某种意义上挑战了界限，它的广告实在是与邮件内容太相关了。比如，一位母亲给儿子发了一封邮件谈到了苹果派，那么她的儿子就会在邮件旁边看到一些关于苹果派做法的广告。对一些人来讲，这简直让人震惊。这种行为越过了公众对隐私普遍接受的界限，看起来就像Google的工作人员阅读了母亲的邮件，然后选择了可以和它一起出现的广告。

第一反应总是负面的。“搜索是一个东西，而电子邮件是另一个完全不同的东西。你真的愿意让Google在离家这么近的地方窥视吗？”行业新闻网站CNET的时事评论员查尔斯·库珀这样写道，“Google说它不会阅读任何人收件箱里的邮件。事实上，即使不是一个极端注重个人隐私的人，也会觉得从根本上说这不是个好主意。”

当然，Google的计算机并没有真的读过这些电子邮件；刚好相反，它只是对这些文本进行了语法分析，以确定哪些同AdWords体系中的广告匹配。这是Google的经营方式同雅虎和微软的区别：Google将电子邮件当成其庞大广告商网络的广告分销的渠道。既然每一条短语都有可能有几条广告同它匹配，那么它发布的广告同电子邮件里原本平

淡无奇的语言匹配的机会也是很高的，至少比其他电子邮箱提供商发布的那些更比原始广告的机会高。

对大部分的人来说，Google 确实读了人们的电子邮件。因为众所周知，只有人类才能真正阅读。可是，人们几乎完全忽视了这样的区别在旷日持久的辩论中。而且，还有更大的问题由此引发。鼓吹个人隐私的人士，比如，Google Watch 组织的丹尼尔·布兰特就指出，既然现在 Google 拥有了你的邮箱地址，它完全可以将你的网络 IP 地址同你的个人身份进行捆绑，而这就为各种潜在的隐私侵犯行为开通了渠道。从原则上来说，这些目前还只是在理论上存在可能性，不过 Google 想要掌握你全部的网络使用记录是完全有可能的，在这里就不仅仅是你的电子邮件那么简单了。

加利福尼亚州参议员利兹·菲格罗发现了制造轰动效应的机会，所以提出启动法律程序，完全取缔 Gmail 服务。一家报纸报道这个议案的新闻标题是这样写的："菲格罗提出议案禁止 Google 继续秘密地搜索私人电子邮件"。

这个议案受到了新闻界的广泛关注，并且引起了激烈的争论。我们都意识到，电子邮件正由瞬时性信息变成永久性的信息，成为记录在网络中可以被索引和为全世界所用的信息。不管加利福尼亚议案是不是可以通过，Gmail 都触及了一个敏感地带。人们第一次意识到他们的思想现在被置于他们根本就控制不了技术的严密监视之下。

似乎是为了实现让技术进入日常生活这个目标，不足 6 个月之后，Google 又推出了 Google 桌面搜索程序，这个程序就好像 Google 索引在网络上做的那样，索引你硬盘上所有的内容。Google 桌面搜索推出之后，从 Ask 到雅虎的各大搜索企业很快也推出了自己的桌面搜索工具。虽然桌面搜索并没有像 Gmail 那样激起公众那样强烈的不安，可是威胁依然存在：一旦你使用桌面搜索索引了你的计算机，那么你的个人信息就更容易获取了。事实上，看起来 Google 桌面搜索还可以使你电脑中的内容通过合成，被用于以网络为基础的服务。目前你的数据实际上都储存在你的硬盘上，可是将它们上传到网上的技术十分简单。现在，挡在你的隐私和一位下定决心的黑客或者是政府代理之间的，只有 Google 了。

可是，能够说明你的数字化个人信息同公共领域之间可能存在冲突的例子，不仅仅有桌面搜索和 Gmail。互联网服务提供商（ISP）和大学经常保存下面的记录：它们的用户都访问了哪些网站，他们都搜索了什么，他们什么时候使用互联网。搜索引擎中保存了大量的用户交互日志，主要用来开发出可以使其引擎更有效率和更赚钱的方式。这些新生成的记录会被索引并且供公众查询吗？很可能不会。可是我们很难想象如果它们落到了坏人的手里，或者说是那些虽然处于善意的动机却缺乏判断力的人手里的话，又会带来什么样的后果呢？

在核心部分，隐私就是信任的问题。使用 Gmail、Google 的桌面搜索、Hotmail 或

者其他任何将你的计算机与网络联系在一起的服务之后，你再也不能完全控制你的私人文件、你的交流，甚至你的浏览历史的使用情况。不论你喜不喜欢，你同你的服务提供商之间的信任问题现在被摆在了桌面上。当然，Google 的座右铭是“不作恶”，而且所有好的机构都有隐私条款，但是这些条款千差万别，而且存在一些可以用各种方式来解释的例外（另外，又有谁真正阅读那些条款），比如说，所有的公司都可能因为法庭的命令而被迫提交关于你的信息。还有许多企业会保留查看你的个人信息的权利，只要它们怀疑你的行为违反了它们的内部政策，它们就会行使这种权力。

你信任那些同你建立关系的公司吗？你相信它们永远不会未经过你的允许而读取你的电子邮件，或者是点击历史记录吗？换一个角度来说，你能够相信他们永远不会把这些信息交给第三方吗？谁也不能够保证自己不会被利用。比如说，政府。如果你的答案是相信（而且，考虑到如果你选择不相信的话，就要放弃享受所有这些服务，这样的答案是合理的），所以，我们为了自己的安全，还是应该去读读“9·11”悲剧之后美国政府颁布执行的《爱国法案》。

不正当的搜索

美国的《爱国法案》是在“9·11”之后一周提请国会批准的，而且在不足6周后就被批准了。按照华盛顿一般的标准，这样的速度真是惊人。这个法案修订了近20条联邦成文法令，而且没有经过常规的立法辩论程序的推敲和改进。《爱国法案》是布什政府针对“9·11”袭击采取的第一个官方行动，没有几个人愿意公开反对它。毕竟，自己的国家被恐怖分子袭击了，这是一场以荣誉而战的战争，也许美国人没有选择了，它只能孤注一掷。

然而，当华盛顿当局开始冷静下来，而立法监督人以及新闻界也开始斟酌这个法案之后，很多让人不安的事实开始浮出水面。第一，在很多方面，《爱国法案》只是将2001年《反恐怖法案》稍作修改又重新推出，反而是《反恐怖法案》，这绝对是一个引起强烈争议的立法提案。在恐怖袭击之前的几个月，还处于草案阶段的《反恐怖法案》立法程序就被终止了。终止的决定是有十分充分的理由的，因为《反恐怖法案》显然助长了政府获取和操控个人信息的能力，可是这些个人信息当然包括在你的电子邮件、搜索历史以及Google桌面搜索程序里的信息。虽然布什政府非常急切地希望国会通过《反恐怖法案》，可是他们却没有办法做到，至少如果不对法案进行重大修改或者加入对公众权利的保护措施的话，它绝对是不能够通过的。可是，“9·11”袭击爆发之后，布什政府很快擦去《反恐怖法案》上的积尘，只不过是对它稍作修改而已，就又将它更名为《爱国法案》，然后重新提交给了国会审议。

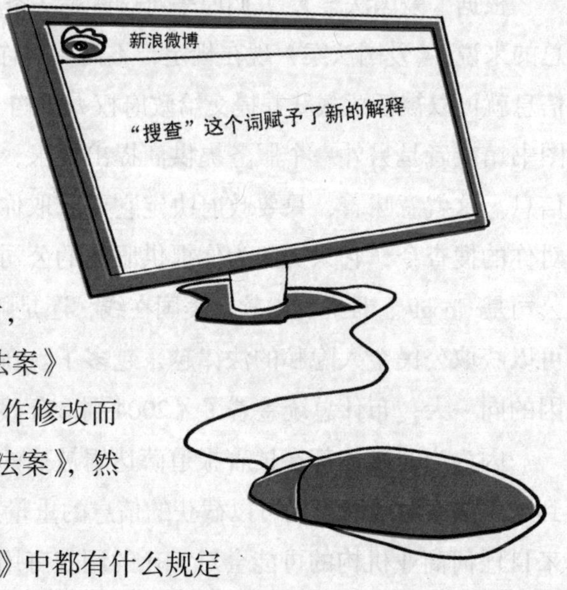

新浪微博

“搜查”这个词赋予了新的解释

那么，到底《爱国法案》中都有什么规定

呢？这个法案修改了几个原有的同个人隐私权和政府监视权有关的法案，将联邦权力延伸到了几个新的领域，其中就包括互联网。这些原有法案中被重新定义了几个关键术语，不仅仅是扩大了它的涵盖范围，尤其是其中与电话窃听有关的笔式记录器和诱捕设备的定义。布什政府官方的论点是，这些修改只是对电话时代的法律进行修改，从而使之同互联网时代相适应。可是事实与这个说法之间还是有一些微妙出入的。

换一句来说，根据《爱国法案》，现在美国政府拥有了更广泛的权力来拦截个人数据通信，这是对《宪法》第四条修正案的重新阐释。其中第四条修正案是这样阐述的："公民保护自己的人身、住宅、文件和财产的安全不受外界不正当的搜查及获取的权力不容侵犯。"

《爱国法案》很明显给"搜查"这个词赋予了新的解释，可是这也是意料之中的，不是吗？毕竟，假如政府具有正当的搜查理由和搜查令，也是同样可以进行搜查，对吗？所有公民课学得好的学生都知道美国《宪法》第四条修正案的规定："搜查令的签发必须有正当的理由，并且受到誓言或是证词的支持，同时要对搜索地点或是将要被扣押的人员及物品进行具体的描述。"

根据《爱国法案》，人们原来对这些宪法条款的理解早就已经不适用了。总的来说，《爱国法案》现在规定，不需要对你出具任何搜查令，你的个人信息就可以被任意截获并提交给政府权力机构。它们通过向你的ISP、社区图书馆或者是另外一个服务提供商提出要求，就可以轻松地得到你的个人信息。这就意味着，只要政府决定它要获取你的信息，它就不需要再申请对你的搜查令，它只需向为你提供服务的公司去索要就可以了，不管这家公司是Google、雅虎、微软、美国在线，还是随便哪家公司现在，规定政府可以获取公民个人隐私的法律越来越多了。在美国军队逮捕萨达姆·侯赛因的同一天，布什总统签署了《2004财政年度信息授权法案》。

因为当时媒体都在忙着报道萨达姆被捕的照片，大部分人都没有意识到这条法案对政府当局可以截获的信息的重量又做出了新的定义。这一次，来自任何商业机构的可能会对FBI的调查有用的"财务信息"都成了政府的目标。把这条法案同《爱国法案》结合起来，几乎你的任何购买行为都可能受到政府的监控。这条法律现在已经被重新审查了。过去，如果怀疑你参与了某项犯罪活动，政府当然也可以窃听你的电话或是搜查你的财物。但是，在《爱国法案》框架下，不但政府可以截取嫌疑犯的点击流，而且对政府行为进行约束的标准也大大松动了，政府具有更大的随意性，决定可以对什么人实施窃听监视行为，以及何时、以何种方式通知嫌疑人他已经或者曾经被监控的事实。

你的反应也有可能是：好，这都没有问题，可是政府应该宣布它搜查我私人财物的正当理由，而且如果我并没有涉嫌一桩罪行的话，它应该通知我，对吧？根据《爱国法案》，对第一个问题的答案是也许不会，而对第二个，答案毫无疑问是否定的。《爱国法案》特别规定禁止公司向任何人透露政府曾经要求它提供信息，并且借此彻底隐藏政府行为。尽管《爱国法案》确实要求法庭找到“合理的理由来相信，立即通知被搜查者将要进行的搜查行动会带来不好的后果”，而且最好是政府通知你，你被搜查了。可是，到底什么才是合理的理由，或者怎样才是通知，法案中都没有做出明确的界定。

现在，你可能开始会对《爱国法案》框架下的权力滥用有一点担心了吧，不过你又不是那些致力于在美国搞破坏的外国机构或者是恐怖分子，不过话又说回来，这个法案不是主要针对国外机构的吗？大部分的条款都跟你没有什么关系，不是吗？事实上，《爱国法案》改变了法律，现在政府官员在截获信息的时候已经不需要证明他们是在追踪国外机构的行动了。现在，他们只需要证明他们认为截获你的信息对他们的调查有利，这是一个非常宽泛的范围。所幸的是，还有一条条款规定，“只有受到《宪法》第一条修正案保护的行为”严禁监视。根据第一条修正案，你享有在网络中搜索恐怖活动手段的权利，但是人们要怎样确定你这个搜索与真正的恐怖分子进行的搜索之间的界限呢？人们又怎么去区分呢？这是非常困难的。

有人也许会说，虽然《爱国法案》让人恐慌，可是在战争时期，公民应该主动为了国家安全牺牲公民自由。在前搜索时代，我们中的许多人都可能愿意同意这样的法律框架，但是在现在我们生活的世界里，这种框架之下政府的权力广泛到了让人毛骨悚然的地步。因为在前搜索时代很快就随风而逝的数字化痕迹，现在都可以被加上标签、记录和存储在一个永恒的索引中随时备用。

一点都不让人惊讶，针对《爱国法案》的强烈抵制正在越演越烈。其中，在 2001 年恐怖袭击中受害最严重的纽约市采取了非常引人注目的举措。该市通过了一项抵制《爱国法案》的决议，纽约市政委员还联合了十几个州和地区政府采取类似的行动。鉴于这个决议是在恐怖袭击中受害最严重的城市通过的，而《爱国法案》又宣称这是以保护美国不受这样的恐怖袭击伤害为目的。

这个决议案提出，如果联邦政府官员要求根据《爱国泆案》规定，隐瞒其提出信息的请求，他必须要有足够的理由，并且为自己的行为负责；同时，事后必须通知在不知情的情况下被调查的公民。

还有一些诉讼案指责《爱国法案》违宪。有人预计 2005 年秋，这部法案将会被修订。不管这部法案是否会被修订，或者将会被如何修订，在我们进入搜索时代的今天，它最初被通过这一事实是值得我们深思的。

2005 年初，Google 的创建人之一谢尔盖·布林接受了一个记者这样的提问，问他对《爱国法案》的看法以及 Google 公司对其可能引起的后果持何种立场。他的回答是:“我没有读过《爱国法案》。”记者向他解释了一些相关的争论，布林听得很认真。“我想，其中一些担忧有点言过其实了。”他开始谈他的看法，“我还从未听说过包括 Google 在内的任何一家搜索引擎泄露了哪位搜索用户的信息。”可是如果真的有这样的事，根据法律他也只能以这样的方式来回答这个问题。这个时候，他停顿了一下，意识到自己的回答可能会被认为是一种回避问题的方式，虽然人们相信他是认真的。可是如果 Google 真的被要求为政府提供信息的话，他当然不能把这个情况透露给嫌疑人或者记者。他接着说:“至少，政府应该让你明白他的要求是什么性质的。其实，这并不是一个具有现实意义的问题，至少我个人是这样认为的。如果这真的成为问题，我们会修改相关的规定。”

显而易见，《爱国法案》为政府因自身目的利用公司信息提供了便利。与此同时，它也造成了人们在其他方面的担忧。

“有很多条通往地狱的路，”老牌的互联网隐私保护主义者劳伦·温斯坦说，“我们这个社会倾向于相信，只有政府才能够建立奥威尔式集权统治

的数据库。不过现在许多私人机构也有可能做样的事情，而且以一种更有力度的方式。”

根据温斯坦的说法，我们不需要生活在对无所不知的老大哥（集权国家）的恐惧之中。恰恰相反，反而是我们应该警惕任何一个有能力的在需要时知道它想要知道的一切的机构。ChoicePoint就是这样的一个机构，这家商业数据合成公司拥有上亿人的详细记录，而Choice Point只是十几家类似公司中的一家。2005年初，Choice Point公司因为出售个人信息而接受了严厉的调查。不过媒体朋友们很快就指出，除了诈骗犯这样的人的需要，这家公司最可能的客户应该就是美国政府了，它想要了解更多关于公司和政府隐私的情况，请参阅自由出版社出版的罗伯特·奥哈罗的作品《无处可藏》。

另外一类进行数据集成的机构就是你的邮件服务商，或者也可能是你的搜索引擎。据温斯坦称，他从Google公司内部得到了消息，Google定期同执法机构进行非正式的合作，为当局追踪个人身份信息，可是并不会通知当事人。另外，温斯坦宣称，Google的工程师们经常追踪个人身份信息来测试新的产品或者服务，而有时候这仅仅是一种“游戏”和纯研究行为，只是想要通过它找到Google所能掌控的信息的极限。作为一条政策，Google拒绝就其与执法机构的关系或者它对自己庞大的数据储备的处理方式发表言论，可是，一位发言人的话确实让人想到Google的隐私条款。

Google的隐私条款允许公司查看你的个人信息，只要它决定自己想看。

尽管Google的公众形象是一家永远不作恶的阳光公司，可是在如何处理你的个人信息这个问题上，该条款给了 Google 很大的回旋余地。它将定义什么是“善意”和“保护公众权利”的权力交给了 Google，而不是法庭或者政府。换一句话来说，只要 Google 觉得追踪和处理你的个人信息符合其最大的利益，它就可以随心所欲。

最后需要说的是，我们的政府必须对为它提供资金并且选举其领导人的公众负责，一家上市公司，就算像 Google 这样一家没有恶意的公司，却只需要对两股力量负责：它的领导人和它的股东们。而且，没有几家公司的政策是永远不变的。在这一点上，Google 并不孤独，很多公司的隐私条款都给了它们自己很大的机动性。

中国问题

看到搜索和互联网有可能带来的危险，中国政府采取了很多非常措施来对互联网实施审查，并且通过建立一个防火墙的技术基础设施来自动过滤具有煽动性信息的网站。

搜索公司一直以来都必须处理同其他国家的法律相关的事务。比如说，因为地方法规的要求，在德国和法国，Google 和雅虎都要把纳粹仇恨网站从它们的本地索引中过滤出去。不过中国政府对于什么是危险的信息，持有更加谨慎的观点。

对于 Google 而言，中国似乎是一个复杂的问题。它的政治和道德文化使你缺乏认同感，可是它的市场大到让你不能忽视。“那些考虑进入中国市场的公司，在开始它们的评估过程时就已经下定决心了：它们不能不进入中国。”谢尔盖说。

到 2004 年，Google 还没有最后下定决心，至少没有公开做出决定。多年以来，Google 为数百万中国公民提供中文搜索服务，不过一直到了 2005 年年中，它还没有建立中国分公司。这就意味着，Google 在很大程度上被摒除在中国的经济增长之外。

2004 年 6 月，有消息传出，Google 悄悄地投资了百度，具体投资数目并没有公布。考虑到 Google 完成这次投资的时间，以及达成这笔交易必须经过中国政府的默许，一点都不难理解Google公司关于中文Google新闻的决定的根本原因，它不希望搞砸了百度这笔生意，还有它将来要在中国进行的任何举动，包括建立中国分公司的计划。

对百度进行小额的投资是一方面，可是要真正进入这个巨大的市场，Google必须建立它自己的分公司，就像雅虎做的那样。从纯经济角度来看，决定很明确：如果你是一家大型的上市公司，如果面前有一个庞大的市场机遇，你必须为它投资。

中国问题让Google的两位创办人备受折磨。2004～2005年，Google不停地邀请世界上最权威的中国问题专家到其总部，就此事进行咨询。根据私下参加过这些会面人的说法，Google在考虑一个问题：到底该如何做才能顺利地进入中国市场。

“他们无法承担不进入中国市场的代价。”一位同Google的创办人探讨过其两难境地的杰出的中国网络专家说，“他们面临着艰难的抉择，可是没有谁能够在中国市场我行我素。”

根据这位学者的说法，谢尔盖·布林告诉他，如果自己有权决定的话，他会选择放弃中国，可是他不能束缚Google发展的能力。

“我们从一个不同的角度看待Google在中国发展的问题，”布林2005年初在瑞士达沃斯召开的世界经济论坛期间对我说，“很多公司会说这是个巨大的市场。怎样做我们才能在这巨大的利益里面分得一杯羹？而我们的重点是我们怎样才能做更多好事。”

布林说，一方面，如果中国的用户不能使用Google的话，Google就在为他们服务这一点上失信了。另一方面，受到审查的服务又违背了他的是非观。“必须要充分衡量得失，企业必须要有责任感。”

更加糟糕的是，如果Google决定对中国政府妥协的话，那么人们自然就会开始指责Google曾经在进入其他许多国家的时候，并没有做出同样的决定。“最重要的不是对中国政府的这一次让步，而是这次让步会成为与Google进行谈判的先例。也就是说，在Google进入任何一个市场之前都要一一同这里的当局来谈判，到底要采取何种程度的检查制度。”谢尔盖总

结道，“如果中国成功地使Google让步，为什么别的国家，甚至是一些大的跨国公司，不能在发现Google的搜索世界里流传着对自己不利的信息时，提出抗议并且要求Google让步呢？”

说起来还真是奇怪，7年前，谢尔盖·布林和拉里·佩奇以“组织这个世界上的信息，并使全世界的人都能够获取和利用它们”为目的建立了Google公司；可是今天，他们却在考虑自己是否要承担起全球经济道德警察的职责。但是，不管他们做出了什么样的决定，到底是进入中国市场还是不进入，都会严重影响数十亿人的生活，更不要说数额高达数十亿美元甚至更高的经济价值了。当然，任何一家规模庞大而且非常重要的公司都会面临像中国问题这样复杂的难题，可是，Google一直以来都认为自己是一家与众不同的公司，一家以我行我素和反传统为原则的公司。

互联网的大诱惑

当人类创造了一个以需求为导向的、反映个体偏好的、私人化的“真理世界”时，真理借用托马斯·弗里德曼的话说却正“变平”。每个人的“真理”都和其他人的“真理”一样“正确”，如今的社会媒体正在重塑我们的精神世界，在那个世界里，每个人的“真理”似乎都同样确凿和重要。用理查德·埃德尔曼的话说：“在媒体技术爆炸的时代，除了每个人自己坚持的‘真理’外，不会再有真理了。”

真理的价值一旦遭到了破坏，必然会影响著作的质量，而且会滋生侵犯知识产权的行为，从而抑制创新活动。当广告和公共关系以新闻的形式包装起来的时候，事实和假象就更难甄别了。Web2.0 革命不但带给我们更多的知识、文化和共同体，反而带来了更多由匿名网友生成的不确凿的内容，它们不仅是浪费了我们的宝贵时间，还欺骗了我们的感情，甚至给我们带来了伤害。

需要证据？让我们来看看被恶搞的“企鹅大军”吧。“阿尔·戈尔的企鹅大军”，这段发布在 YouTube 网上的视频最能说明问题。这是一段由不知名的网民制作的视频，讲的是身形胖如企鹅的戈尔对着一群企鹅大谈全球气候变暖，而这些企鹅却表现的对此毫无兴趣。这段视频直接讽刺了戈尔的环保电影《难以忽视的真相》，恶搞了戈尔严肃的环保立场。

“阿尔·戈尔的企鹅大军”只是 YouTube 网上众多无聊的视频之一，看过这段视频的观众，大多都会认为这是一些怀有恶意的业余操手所为，指在背后的恶意攻击。《华尔街日报》将这段讽刺视频的制作者最终锁定为华盛顿一家共和党的公关公司DCI集团，埃克森美孚公司就是这个公司的客户之一。这段视频不过是一场“政治旋转门”的游戏，Web2.0的匿名制可以让这样的游戏一直玩下去，而且不会受到任何的干扰。简而言之，这是一个彻头彻尾的谎言。

你一定不敢相信，我们最长用的博客也可以被某些来不怀好意的公司当作宣传和欺骗的媒介。2006年3月，《纽约时报》披露，在某博网上，一位博主的文章中有关沃尔玛的信息与阿肯色州一家公关公司一名高级财务主管的新闻讲稿一模一样。这件事与删除维基百科中有关沃尔玛员工的条目的事件可能是同一伙人干的，他们专门负责删除有关沃尔玛的负面报道。

如今的博客已经不像最初的那般“单纯”了，它越来越多地成为政治顾问发动公关宣传战的战场。2005年，在通用电气打算投资研究新型节能技术的时候，公司执行官特意接见了持环保态度的博主，并且说服他们将注意力转移到新型节能技术上来。同时，诸如IBM、家电巨头美泰克公司和通用汽车这样的跨国公司都有自己的博客，这些公关博客表面上摆出一副公正的姿态，可是实际上却是在替公司向全世界的网民做变相的宣传。

可是，那些攻击商业公司的博客所发布的信息同样也可能缺乏根据。2005年，当著名的“在辣椒中发现手指”的事件，被谣传开的时候，每位敌视温迪快餐店的博主都争相相指证该店的非法行为。这一无中生有的事件使温迪快餐店的销售额减少了250万美元，就是这样一件被恶搞的事情造成了大量员工失业，导致该公司的股票不断下跌，面临倒闭的危险。

就好像英国前首相詹姆斯·卡拉汉所说的："真理不出门，谎言传千里。"这句话用在如今随心所欲、不受制约而且飞速发展的博客文化上可以说是再合适不过了。

网络上虚假广告的泛滥促使我们对传统广告也产生了信任危机。比如，2006年8月15日，《纽约时报》报道了网络电话提供商Vonage所发起的广告运动遭恶搞的事件。那一天，YouTube网上出现了100多段嘲讽Vonage广告的视频，其点击率超过了5000次。虽然这些由业余者制作的、未经审查的视频广告很难对名牌产品造成严重的打击，可是，令广告执行经理颇为头疼的是：现在网络虚假广告和真正的商业广告相互混杂在一起，这就使普通消费者很难分辨出哪些是真正的广告。反而使真正的广告根本达不到想要的宣传效果。

网络民主化也让我们对原创者的看法发生了巨大的变化。在如今鱼肉混杂的社会里，我们连作者和读者都越来越难以区分了，更不要说去辨别作品的真实性了。原创者和知识产权的观念遭到了严重的破坏。

谁是维基百科里由匿名"编辑"编写的信息的所有者？谁是博客信息的所有者？由于我们可以通过随意复制和粘贴别人的文章来组成自己的作品，所有权的定义就变得模糊不清了，这无疑纵容了人们随意侵犯他人的知识产权，这就失去了所谓的公平。

在Web2.0时代，复制和粘贴变得十分容易，这给年轻一代中喜欢盗取他人智力成果的人提供了便利。利用复制和粘贴技术去拼凑一篇文采华丽、观点新颖的“独创”文章变得易如反掌。在最初的第一轮的网络繁荣中，源文件共享技术曾经起了很多人的高度关注。可是比起如今可以共享文档、音乐和软件的 Web2.0 时代，前一轮的网络繁荣就显得过于平淡了。硅谷的一些幻想家支持擅用别人的智力成果，比如，斯坦福大学法律教授、创作共享协议的创始人劳伦斯·莱西希，赛博朋克的奠基人威廉·吉布森。这些幻想家的建议一定会吸引更多好奇的网民去擅用别人的智力成果，这就像《爱丽丝漫游奇境记》中兔子吸引了好奇的爱丽丝，并最终让爱丽丝掉入兔子洞一样。吉布森在 2005 年 7 月的《连线》杂志上写道：我们的文化不再使用“擅用”或者“借用”这些词来描述这些行为。如今的观众不是在“听”，而是在参与。所以，观众就好像古董成为了历史记录，二者不同的是：古董是被动的，观众则是主动的。历史记录是这个时代的“异端”，而“再加工”才是数字时代的本质。

真实还是虚假

我们经常听到质疑网络信息真实性、准确性和可靠性的新闻。有的时候，可能是某公司在一些网上发布一些用个人网页包装起来的广告，或者是在 YouTube 网上发布一些诱导消费者的视频。几乎每隔几天就会有新的网络丑闻出现，这无疑在很大的程度上降低了我们对网络信息的信任。

在一个由未经过滤、无穷无尽的用户生成内容组成的数字世界里，网络信息往往与事实的本来面貌相差甚远。因为没有编辑、校对、管理者和核实人员的监督，我们无从得知网站上的信息是不是属实。没有“把关人”替我们将事实、真实的内容和正确的信息从一堆充斥着广告、错误和欺骗的信息中挑选出来。有谁可以来戳破博客世界中那些旨在篡改历史、散布谣言的谎话？在这个荒唐的世界里当每个人都同时成为了读者和虚假作品的作者时，我们该相信谁？

你敢相信吗

2006 年 9 月，YouTube 网德文版上出现了一段视频新闻，乍看之下人们一定不会怀疑它的真实性。视频的背景是一幅欧洲地图，地图的前边有一位男士坐在木桌旁，好像专业新闻主持人。大家都以为这是《每日新闻》的视频剪辑。这段视频中的新闻主持人说德国新纳粹党德国国家民主党，在最近的地区选举中取得了显著的成绩：

在德国梅克伦堡——前波美拉尼亚洲，国家民主党的得票率已经达到了 7.3%，这也超过了政党进入地区议会的最低门槛。

这样的网络视频出现以后，很多德国网民都相当震惊。当然还是有一些目光锐利也极为细心的人看出了破绽，这段视频不是来自《每日新闻》，其右上角的标志不是 DasErste 工作室的标志，而是一个向四周辐射的黑色太阳，四周的辐射线很容易就可以重新排列成纳粹的党徽；我们都知道，这是德国新纳粹的标志。

幸好这只是一则貌似 DasErste 工作室制作的假新闻。这段视频实际上是由德国国家民主党的新极端主义纳粹分子制作的，他们想试验一下如何制作网络“新闻”，以便该党进行竞选宣传和招募成员。

事实上，美国的 YouTube 网也好不到哪里去。在 2006 年 11 月的国会大选中，YouTube 网上流传着一则为弗农·鲁宾逊竞选造势的广告，他是共和党候选人，原来是北卡罗来纳州第 13 届州议员。

这段视频对鲁宾逊的竞争对手，民主党的布拉德·米勒发起了残酷的攻击：布拉德·米勒没有将纳税人的钱用于癌症研究，而是用于研究老年人的手淫习惯，用于资助十几岁的女孩看色情电影。

当人们指责弗农·鲁宾逊侵犯他人隐私的时候，鲁宾逊回应说自己从来没有把这样的视频放在网络上，他也从没有允许网站发布这段视频。“我

们没有公布这段视频，”他告诉福克斯电视台的评论员肖恩·哈尼蒂，“只是有人把它放到了 YouTube 网上。”

这样拙劣的借口能够掩盖为了竞选而歪曲事实、诽谤他人的行径吗？在 Web2.0 时代，“只是有人把它放到了 YouTube 网上”这类的借口，就像有人说“狗吃了我的家庭作业”。

在 2006 年的选举中，蒙大拿州的前议员康拉德·伯恩斯，受到 You Tube 网上的政治宣传视频的影响而被来自民主党的竞选对手乔恩·特斯特击败，其中一段视频的内容是这样的，伯恩斯在听取议会报告的时候打瞌睡。而在另一段视频中，伯恩斯在弗吉尼亚的住所里取笑园艺工人是“危地马拉小男人”。

假如这些行为的确是伯恩斯所为，视频内容也确凿如实，可是这样一段视频未必就能揭示全部的真相。这段视频是由一位网名叫“Arrowhead 77”的人匿名制作和发布的，他的真实身份是乔恩·特斯特的竞选团队中的一员。从 2006 年 4 月到 10 月，特斯特有一位专门的助理每天手持摄像机，每天都开车跟踪正忙于竞选活动的伯恩斯，在 2.57 万千米的行程中从不放弃拍摄任何一个可以“大做文章”的瞬间。

由于 YouTube 网对上传的视频不做任何修改和过滤，因此任何人人，包括新纳粹分子、政治宣传员和竞选助理，都能以匿名身份发布一些具有欺骗性和误导性，违背事实和经过特殊加工的视频。康拉德·伯恩斯并不是唯一遭诽谤的受害者。在 2006 年弗吉尼亚州议员竞选的角逐中，民主党候选人乔治·艾伦的失败也是由一段视频造成的。我们不难想象得出，在 2008 年的总统选举中，也有不计其数的“Arrowhead77”和摄像头向希拉里·克林顿、鲁迪·朱利亚尼、约翰·麦凯恩和巴拉克·奥巴马发难。

这就是 Web2.0 时代的政治。用户生成内容的所谓民主化媒体为人们通过“小道消息”来打击别人提供了极大的便利。这是一种刻意诽谤他人的文化，对手散发的一张毫不起眼的传单可能会把你打得措手不及，一个不经意的玩笑有可能让一位身经百战的政治家在最后关头前功尽弃、功败垂成。

有关政治和政策的信息可能被随意歪曲，我们这些选民也有可能会被误导，甚至迷失方向。在这众多的虚假新闻中，人民不知道应该选择相信谁了，在的大选之时很有可能会投错票，或者更糟糕的是，有些人干脆不去投票，直接放弃了自己的选举权，不再关心竞选者、政治和选举本身等。

YouTube 式的虚构政治会威胁到我们的市民文化。它使政治过程更加肤浅和幼稚，打击了人们参政的积极性，难道未来的政府选举就取决于由业余者制作的 30 秒政治视频吗？

“9·11 事件”的真相

2005 年，纽约州北部城市奥尼昂塔有 3 位年轻的摄影师，他们用变卖友谊冰激凌店的收入加上自己平常及积蓄，制作了一段名为“零钱”的视频。这段视频时长 80 分钟，宣称“9·11”袭击是布什政府策划和实施的。这段“档案”视频拼凑了一些图片和短片，严重地歪曲了事实。在这段视频中，飞机撞毁世贸大厦之后，人们在世贸大厦附近的街上发现了劫机者；联合航空公司第 93 号航班没有在宾夕法尼亚州坠毁，而是改道飞往克利夫兰的霍普金斯机场。世贸大厦的坍塌不是因为受到恐怖分子劫持的飞机的撞击，反而是由于之前安置的炸弹自动引爆的。“零钱”最初是在 2005 年春季上传到网络上的，到 2006 年 5 月，它已成为谷歌视频网中点击率最高的视频，在第一年就创下了播放 1000 万次的纪录。不敢想象这段视频也许会使 1000 万网民对美国有史以来

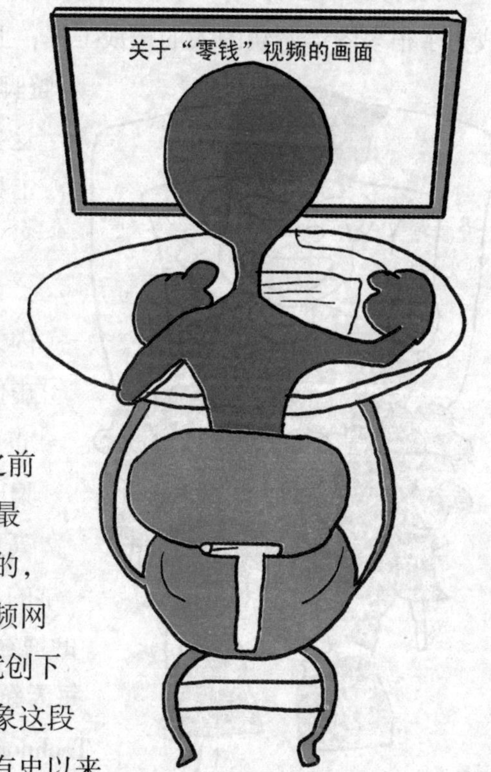

最大的悲剧产生错误的理解，这真是一件令人心痛的事情。

在“9·11事件”调查委员会的最终报告发表之后，这样的视频变得不值得一提。两名政府官员、两名法律顾问、3名白宫前官员和4名国会议员花了两年时间才完成这份报告，因为这一恐怖事件，政府额外花费了1500万美元。对于这些，你更愿意选择相信谁呢？是3位业余视频制作者还是由全美最有智慧、经验最丰富的民选官员和调查员组成的专家组？

当然，你也许说很多人只不过是把这段视频当成恶作剧。可是谁又知道还有多少更难辨别的“恶作剧”？身边每天有那么多的新闻报道，我们在网络上看到的各种各样的信息，究竟哪些是真的，哪些是假的呢？那些发布网络广告、给我们发幽默邮件的人到底是反传统的艺术家，还是性虐待狂或者妓女？

就算是传统的博客也不像它们表面看起来那么“传统”了。这些博客成为了很多图谋不轨的人的赚钱工具，上边往往充斥着虚假的信息。一些蹩脚文人喜欢匿名在博客上发表评论，这些人往往成为公司和政党的宣传工具。网络上出现的新事物是垃圾博客，将垃圾邮件和博客结合在一起的产物。用户可以利用软件在一小时内开通数千个博客。垃圾博客是一种虚假的博客，它以卑鄙的手段冒充真正的博客，用这样低俗的手段去欺骗广告商和搜索引擎，通过网民来提高点击率从而来增加收入。马里兰大学的一份研究报告指出，处于活跃状态的博客中有56%是垃圾博客，这些博客每天新增90万条信息，严重堵塞了网络。Technorati公司（一家主要的博客搜索引擎公司）的CEO达夫·西夫雷认为，新

开通的博客有90%是垃圾博客。2006年9月的《连线》杂志指出，这些垃圾博主“建立了一个低级、无聊和空洞无物的网络生态系统”，他们的主要目的就是浪费网络用户的宝贵时间，欺诈无辜的广告商的钱财，最终来为自己谋取利益。

与垃圾博客同时出现的还有虚假博客，虚假博主自称与其他机构或者个人无经济往来，可是实际上是“收人钱财、替人干事”的博主。比如，在2006年，爱德曼公关公司的3名雇员帮助沃尔玛反击那些对沃尔玛的批评，但他们却在博客上谎称自己是沃尔玛的基层员工。其实，沃尔玛与爱德曼公关公司的商业关系远不像这些博主在网络上所写的那样。

Payperpost网是在硅谷著名的风险投资公司DraperFisherJurvetson公司的支持下发展起来的，是Web2.0时代的新兴网站，这家网站在广告商和虚假博主之间扮演着中间人的角色。虚假博主每发布一则广告，这家网站就付给这些博主5～10美元。Payperpost网自称是“一个由消费者发布广告的市场”。更准确地说，这是一个让博主按最高竞价出卖灵魂的黑市。

事实上，一个由各种链接和循环广告组成的地下网络已经开始发展起来了，它们存在的目的就是通过增加点击率从广告商那里得到更多的报酬。现如今，虚假点击率不论在范围上还是在数量上都有很大的增长。一些人坐在电脑前反复地点击这些广告；另一些人则利用网络刷新软件自动点击广告，以惊人的速度增加点击率。因为用户每点击一次，广告商都得支付一定的浏览费用，因此，

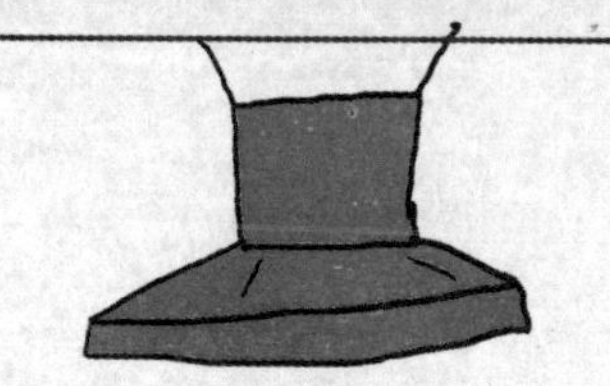

虚假的点击率使得广告商付出大量金钱却得不到相应的销售回报。

总部位于亚特兰大的 MostChoice 网就是受害者之一。2006 年，该网站的创办人马丁·弗莱施曼发现公司网站上来自韩国和叙利亚的访问量十分大，可是该公司主要的客户却在美国，这让弗莱施曼感到十分迷惑。之后为了弄清楚之意事件的真实原因，他花重金雇用了一名高级的电脑程序员，设计了一种可以分析出每一次点击的时长和点击者身份的软件。弗莱施曼发现大多数存在问题的点击者在点击一下后就离开了网页，这些点击并没有给公司带来新的客户和收入。他发现这起规模巨大的虚假点击计划让公司白白付出了 10 万美元的广告费，最让人生气的是这些广告费并没有起到宣传的效果，更没有为公司带来任何的收益。这种事情并不少见，根据《经济学人》杂志的报道，在 2006 年网络广告的浏览量中，有 10% ~ 50% 的浏览量都是通过虚假点击产生的，这使广告主蒙受了 30 亿 ~ 130 亿美元的损失。因此，虚假点击可能是 Web2.0 时代广告行业的最大威胁。

不论是从垃圾博客到虚假博客，还是从病毒软件到刷新软件，这一切都表明 Web2.0 的世界充满了谎言和欺骗，所以千万不要让那神奇疯狂的互联网欺骗了你。